一口气读懂常识丛书
YIKOUQI DUDONG CHANGSHI CONGSHU

U0632536

一口气读懂

化学常识

本书编写组◎编

NEW

世界图书出版公司
广州·上海·西安·北京

图书在版编目（CIP）数据

一口气读懂化学常识／《一口气读懂化学常识》编
写组编．—广州：广东世界图书出版公司，2010.4（2021.5重印）
ISBN 978－7－5100－1549－6

Ⅰ．①一… Ⅱ．①一… Ⅲ．①化学－普及读物 Ⅳ.
①06－49

中国版本图书馆 CIP 数据核字（2010）第 070675 号

书　　名	一口气读懂化学常识
	YIKOUQI DUDONG HUAXUE CHANGSHI
编　　者	《一口气读懂化学常识》编写组
责任编辑	柯绵丽
装帧设计	三棵树设计工作组
责任技编	刘上锦　余坤泽
出版发行	世界图书出版有限公司　世界图书出版广东有限公司
地　　址	广州市海珠区新港西路大江冲 25 号
邮　　编	510300
电　　话	020-84451969　84453623
网　　址	http://www.gdst.com.cn
邮　　箱	wpc_gdst@163.com
经　　销	新华书店
印　　刷	三河市人民印务有限公司
开　　本	787mm×1092mm　1/16
印　　张	13
字　　数	160 千字
版　　次	2010 年 4 月第 1 版　2021 年 5 月第 8 次印刷
国际书号	ISBN　978-7-5100-1549-6
定　　价	38.80 元

前　言

　　化学是一门古老的学科，它与物理学、生物学等共同构成一个科学的世界。它包含的范围非常广泛，从古时候的钻木取火到现在人工合成各种物质，人们一直在享受着化学所带来的成就。

　　化学是一个很精彩的世界。利用化学知识，我们可以解释舞蹈的烟雾是怎么来的、"鬼火"是怎么一回事。然而化学又是一门严谨的科学，从严格意义上说又是一门实验科学，通常在学习化学的同时都离不开试验。人们常把没有实践的理论比喻为空话，虽然有点片面但还是有一定道理的。因此要了解化学，首先就应该学会动手试验，而通过本书，你就会掌握一些化学实验的基本技能，学会动手做实验的能力，为今后做科学实验打下基础。

　　随着科技的飞速发展，青少年了解化学常识是非常必要的，这样不仅可以丰富自己的科学知识，而且对国民生产生活都有很重要的意义。

　　首先，青少年学习化学常识，有助于提高自己的辩证唯物主义思想和对科学的不断进取、不断探索、不断创新的精神。其次，青少年通过学习中外科学家的事迹，可以提高自己的爱国主义思想及行为。另外，青少年学习化学常识，对自己的观察能力、思维能力、实验能力和自学能力都有很大的帮助，可以为自己将来更进一步地学习或研究化学及其他科学技术奠定良好的基础。

一口气读懂化学常识

此外，化学也有一定的实践意义，它在国民生产生活的很多方面中都发挥着很重要的作用。从大的方面来说，它可以促进国家工业生产水平的提高；从小的方面说，它可以有效地处理日常生活中的一些问题，如烧菜、洗衣、用药等。而且，它还为其他相关学科如物理学、生物学以及数学提供了一定的现实依据。

本书基于向青少年们介绍化学常识的基础，将古往今来无数中外化学家的化学科学研究和实践的成就汇集在一起。在结构上主要分化学的基本常识、常见的化学物质、常用的化学仪器、著名的化学家以及生活中的化学应用五个方面，将化学的基本概念、基础理论、元素化合物知识、化学反应的基本类型、无机物的分类及相互间的关系等知识都做了详细说明，并且分别介绍了许多科学家的优秀品质和他们对事业实事求是的科学态度、严谨的学风。同时，还介绍了化学在生活中的实际运用，体现出化学对工农业生产、国防和科学技术现代化以及人们的衣、食、住、行的重要意义。

由于编者水平有限，本书难免存在纰漏或不足之处，希望广大读者对书中存在的问题给予批评指正。

一口气读懂化学常识

目 录

化学常识概论篇

一口气读懂化学常识

常见化学物质篇

常用化学仪器篇

一口气读懂化学常识

一口气读懂化学常识

一口气读懂化学常识

生活中的化学现象篇

一口气读懂化学常识

一口气读懂化学常识

一口气读懂化学常识

化学常识概论篇

化学的定义

"化学"一词,如果仅从词语的表面上理解就是"变化的科学"的意思。从科学的角度来定义,化学就是研究物质的组成、结构、性质以及变化规律的科学。它同物理一样,是自然学科的基础学科,但是由于化学又是很多相关科学学门的核心,如材料科学、纳米科技、生物化学等,因此又被人们称为"中心科学"。

化学是一门古老的学科,在很早的原始社会,人们钻木取火所采用的就是化学的知识。化学发展到现在,已经可以使用各种合成物质,人类正在享用着化学成果。如今,随着人类物质生活不断提高,化学在其中也起了至关重要的作用。

化学对于我们了解科学、发展科学有着很重要的作用,首先体现在它对我们认识地球具有其他科学无法替代的作用,因为地球是由物质组成的,而化学则是人类用以认识和改变物质世界的主要方法和手段之一,因此可以说化学是一门历史悠久,又充满活力的学科,它的发展与人类进步和社会的发展息息相关,它的重大成果也是人类文明的重要标志。

因此,在当今的科学学科中,化学是当今非常重要的基础科学之一,它在与其他学科物理学、生物学、自然地理学、天文学等有关学科的相互渗透中得到了快速的发展,同时它也对其他学科和技术的进步起了很重要的推动作用。例如,核酸化学的研究对生物学的影响,核酸化学中所取得的相关研究成果使今天的生物学从细胞水平发展到分子水平,推进了分子生物学的建立。而且化学对天文学也有一定的作用,它通过对地球、月球和其他星体

的化学成分的研究分析，得出的元素分布的规律，发现星体空间有简单化合物的存在，都为天体演化和现代天文学提供了重要实验依据，还丰富了自然辩证法的内容，因此，可以说化学在人类的发展中起着很重要的作用，而且作为一门基础学科，在未来人类科学的发展仍然会发挥它举足轻重的作用。

化学的发展历程

化学发展的历史很悠久，在很早的远古时代它就已经萌芽。

在远古时候，原始人类为了生存，经常要与自然界的种种灾难进行抗争，在这个过程中人们发现了火，并加以利用。原始人类从用火开始，由野蛮进入文明时代，同时也就开始了用化学方法认识和改造天然物质，因为燃烧就是一种化学现象。就这样，人类在通过对这些物质的变化的认知并逐渐开始利用，制得了对人类具有使用价值的产品。后来人类又逐步学会了制陶、冶炼以及酿造、染色等等。古代化学知识就是在这些生产实践的基础上萌芽的。

古人曾在了解物质的同时还根据物质的某些性质对其进行分类。在公元前 4 世纪或更早，中国提出了阴阳五行学说，此说法是朴素的唯物主义自然观，用"阴阳"这个概念来解释自然界两种对立和相互消长的物质势力，这种观点认为阴阳之间的相互作用是一切自然现象变化的根源，炼丹术就是在这个理论上发展而来，它也属于早期的化学学科范畴。

公元前 4 世纪，希腊也提出了与中国的五行学说类似的火、风、土、水四元素说和古代原子论。这些朴素的元素思想，都促进

了物质结构及其变化理论的萌芽和产生。直到后来炼丹术的出现。在公元前 2 世纪的秦汉时代,炼丹术尤其盛行并逐渐传入外国,在公元 7 世纪传到阿拉伯国家,与古希腊哲学相融合而形成了阿拉伯炼丹术。阿拉伯炼金术在中世纪传入欧洲,形成了欧洲炼金术,而近代化学就是在欧洲的炼丹术的指引下发展起来的。

同时,在这个时候进一步分类研究了各种物质的性质,尤其是相互反应的性能,这些都为近代化学的产生奠定了基础,那时所采用的化学器具和方法经过改进后,在今天的化学实验中仍然在沿用。而且在很多实验中所产生的实验结果,比如炼丹家在实验过程中发明的火药或其他若干元素,如某些实验中制成的某些合金,以及制出和提纯的许多化合物等等,这些成果我们至今仍在利用。

总之,化学在长期的发展和演化中已经越来越严谨、精细,并已经分化出很多分支学科,它在发展中将会不断地作出更多的贡献。

化学变化

化学变化又叫化学反应,不同的化学物在不同的条件下所发生的化学反应就不同,也就是说,参与化学反应的反应物有很多种,它们的性质和类型也千差万别,同时化学反应过程中所具备的外界条件如温度、压力等也可以是千变万化,但它们也有一定的共性,所有的化学反应都具有以下两个特点:

(1)化学反应要遵守质量守恒原理。化学变化即反应物的原子,通过旧化学键断裂和新化学键形成而重新组合的过程。在化

学反应的过程中,反应物质的原子核不发生变化,电子总数也没有什么变化,因此,我们要注意的是,在化学反应前后必须遵守质量守恒定律,即反应体系中物质的总质量必须保持恒定。同时这条定律也是组成化学反应方程式和进行化学运算时的依据,也就是说在方程式中,我们同样要保证反应前后所产生的物质的总质量必须是固定的。

(2)在化学反应中,化学键的改变也会伴随着能量的变化,因为在化学变化中,能量也会随着变化,化学反应中拆散化学键需要吸收能量,组成化学键则放出能量,而且各种化学键的键能不一样,所以说能量会随着化学键的变化而改变。在化学反应中,如果放出的能量大于吸收的能量,这个反应就称为放热反应,反之如果放出的能量小于吸收的能量则为吸热反应。

化学的分类

化学由于其广泛性,在人们的心中总是被认为是无所不在的,它所研究的对象也几乎是无所不包的。习惯上,化学按照研究对象和方法的不同可以分为5个分支领域,即无机化学、有机化学、分析化学、物理化学和高分子化学。

(1)无机化学是以研究无机化合物的性质及反应为内容的化学分支。无机化合物所包含的种类很多,除碳链和碳环化合物之外的所有化合物都属于无机化学所研究的范畴,因此无机化学内容很丰富。

(2)有机化学是一门以碳氢化合物及其衍生物为研究对象的化学学科。从它的研究内容来说,有机化学其实就是有关碳的化

学。如今随着有机化学研究的进一步深化，在它的学科之上又产生了很多分支学科，例如天然有机化学、物理有机化学、金属有机化学和合成有机化学等等。目前由于人们的生命现象以及全球的环境问题等所带来的困扰，使有机化学越来越发挥着它的重要作用，显示出了强大的生命力，成为改善人类生活质量的强大的助推力。

（3）在化学学科中，除了合成新的化合物之外，还有一些其他的任务，最主要的就是分析物质的组成、结构、性质，以及分离和提纯物质，而这些就是分析化学的内容。分析化学不仅在实验室中发挥着十分重要的作用，而且在日常生活中也有很大的实用价值，不仅如此，在化学发展史上，每一次分析技术的变革，不仅会带来科学的进步，对社会的发展也有很大的作用。

（4）物理化学是化学领域中的一个理论分支，这个分支学科是用物理方法来研究化学问题。通常在化学的研究中，化学家不但要对化学物进行重新组合反应合成新的化合物，还要了解和掌握化学反应的内在规律。而物理化学就是这样一个科学，它从物理学的角度去获得自己想要的知识，然后再将其应用到更为复杂的化学领域中去，进一步研究化学体系的原理、规律和方法。

（5）高分子化学是以高聚物的合成、反应、化学和物理性质以及应用为对象的化学学科。相对化学的其他分支学科来说，高分子化学出现的时期比较晚，因此还比较年轻，但是由于起点高，因此它的发展速度非常快。

无机化学

无机化学是研究元素、单质和无机化合物的来源、制备、结

构、性质、变化和应用的一门学科，它是化学的一个分支学科。在近代技术中，无机化学对无机原材料及功能材料的生产和研究等都具有重大的意义，特别是对矿物资源的综合利用。

　　无机化学的产生很久远，可以说是化学分支学科中最早的一门学科，它研究的是无机物质的组成、性质、结构和反应。无机物质包括所有化学元素以及它们的化合物，不过大部分的碳化合物除外。

　　无机化学的研究内容除了碳氢化合物及其衍生物外，它还对所有元素及其化合物的性质和他们的反应进行实验研究和理论解释。

　　在过去科技不发达的时候，人们通常把无机物质理解为如岩石、土壤、矿物、水等没有生命的物质；而把有机物质理解为有生命的动物和植物，如蛋白质、油脂、淀粉、纤维素、尿素等。直到1828年这种说法才被打破，因为德国化学家维勒从无机物氰酸铵制得尿素，从而证明了有机物并不是只由生命力所产生，破除了有机物只能由生命力产生的迷信，同时也明确了不管是无机物还是有机物都是由化学力结合而成，现在它们是按上述组分不同而划分的。

　　由于无机化学正处在蓬勃发展的新时期，根据它所研究的内容，许多边缘领域也在迅速崛起，研究范围不断扩大，目前已形成无机合成、丰产元素化学、配位化学、有机金属化学、无机固体化学、生物无机化学和同位素化学等多个领域。

有机化学

有机化学是研究有机化合物的结构、性质、制备的学科,因为有机化学物指的就是含碳化学物,因此又被称为碳化学物的化学,它是化学中极重要的一个分支。

因为在以往,化学家们认为含碳物质一定要由生物即有机体才能制造,因此含碳化合物也被称为有机化合物。不过在1828年,德国化学家弗里德里希·维勒在实验室中成功合成尿素(一种生物分子),打破了有机化学的传统定义,自此以后有机化学便脱离传统所定义的范围,成为含碳物质的化学。

其实,有机化合物和无机化合物之间并没有绝对的分界,有机化学在化学中之所以能够成为一门独立学科,在于有机化合物确有其内在的联系和特性。

如今,由于科学技术的迅速发展,有机化学与其他学科互相渗透,也形成了许多分支边缘学科,比如生物有机化学、物理有机化学、量子有机化学、海洋有机化学等。

有机化学的研究方法

有机化学研究手段在不断的发展过程中经历了很长的一段时间,它是一个从手工操作到自动化、计算机化,从常量到超微量的过程。

20世纪40年代前,在有机化学的研究中,主要采用的是传统的蒸馏、结晶、升华等方法来纯化产品,在测定结构上运用的是化学降解和衍生物制备的方法。后来,随着科技的发展,各种色谱

法、电泳技术的应用,特别是高压液相色谱的应用使分离技术的面貌发生了改变,也使有机化学家能够研究分子内部的运动,而有机化学中的结构测定手段也发生了革命性的变化。

未来有机化学的发展首先就是研究能源和资源的开发利用问题。到现在为止,我们使用的大部分能源和资源,如煤、天然气、石油、动植物和微生物,都还是太阳能的化学贮存形式。因此,在今后的一些学科的重要课题上,将会对太阳能更直接、更有效地利用。

其次,有机化学还有一个重要的研究内容即对光合作用做更深入的研究和有效的利用,它也是植物生理学、生物化学和有机化学的共同课题。有机化学可以利用光化学反应来生成高能有机化合物,加以贮存;相反,在需要时则利用其逆反应,释放出能量。另外是研究和开发新型有机催化剂,使它们能够模拟酶的高速高效和温和的反应方式。不过这方面的研究才刚刚开始,今后一定会有更大的发展。

到20世纪60年代末,开始了有机合成的计算机辅助设计研究。因此在今后的有机化学的发展中,关于它的合成路线的设计、有机化合物结构的测定等必将更趋系统化、逻辑化,从而给我们带来更多的成果。

分析化学

分析化学作为化学学科的又一个重要的分支,它是研究获取物质化学组成和结构信息的分析方法及相关理论的科学。分析化学的研究是以化学基本理论和实验技术为基础,并善于吸取其他

学科中的知识,如物理、生物、统计、电子计算机、自动化等充实本身的内容,从而解决科学、技术所提出的各种分析问题。

分析化学的主要研究任务主要有3个:①鉴定各种物质的化学组成,如元素、离子、官能团或化合物是由什么构成的,以什么样的规律构成;②测定物质的有关组分的含量;③确定物质的结构(化学结构、晶体结构、空间分布)和存在形态(价态、配位态、结晶态)及其与物质性质之间的关系等。

分析化学的研究包括化学分析、仪器分析两部分,在二者之间,化学分析是基础,而仪器分析则是目前的发展方向。

化学分析是根据物质的化学性质来测定物质的组成及相对含量,包括滴定分析和称量分析。

仪器分析的方法有很多,它是根据物质的物理性质或化学性质来测定物质的组成及相对含量。仪器分析根据测定的方法原理不同,可分为电化学分析、光学分析、色谱分析及其他分析法等四大类。

物理化学

物理化学是以物理的原理和实验技术为基础,研究化学体系的性质和行为,发现并建立化学体系中特殊规律的学科,它是物理学科与化学学科的综合部分。

随着科学的迅速发展,各门学科之间都有一定的交叉和渗透部分,尤其是物理和化学之间,用物理的原理来研究化学学科的内容早已运用。因此物理化学作为一门学科,与物理学、无机化学、有机化学在内容上存在着难以准确划分的界限,也因为如此

又不断地产生新的分支学科,例如物理有机化学、生物物理化学、化学物理等。此外,物理化学还与许多非化学的学科有着密切的联系,例如冶金学中的物理冶金实际上就是金属物理化学。

物理化学作为一门学科的正式形成,通常都认为是从1877年德国化学家奥斯特瓦尔德和荷兰化学家范托夫创刊的《物理化学杂志》开始的。从这一时期到20世纪初,物理化学发展的特征主要体现在化学热力学的蓬勃发展上。

20世纪20~40年代则是物理化学中的结构化学领先发展的时期,这时的物理化学研究已深入到微观的原子和分子世界,使科学界对分子内部结构的复杂性茫然无知的状况得到全面的改变。

第二次世界大战后到60年代期间,物理化学的主要特征又表现为实验研究手段和测量技术的研究方法,特别是各种谱学技术的飞跃发展和由此产生的丰硕成果。

1949年以后,经过长期的努力,各个高等学校已经设置物理化学教研室,以培养大批这方面的人才,同时,还在中国科学院各有关研究所和各重点高等学校建立了物理化学研究室并取得了很好的成绩,尤其是在结构化学、量子化学、催化、电化学、分子反应动力学等方面。

物理化学的研究内容

物理化学的主要理论支柱在于热力学、统计力学和量子力学三大部分。其中热力学和量子力学适用于微观系统的研究,而统计力学则是它们之间的桥梁。具体来讲就是用统计力学方法通过

分子、原子的微观数据来推断或计算物质的宏观现象。

物理化学又可以分为化学热力学、化学动力学和结构化学三大部分。

一般来说，物理化学的主要研究内容可以概括为以下三个方面：

(1)化学体系的宏观平衡性质，物理化学通常把热力学的三个基本定律作为理论基础，研究宏观化学体系在气态、液态、固态、溶解态以及高分散状态的平衡物理化学性质及其规律性。在这种情况下，时间不作为变量。研究这一类的物理化学的分支学科有化学热力学、溶液、胶体和表面化学。

(2)化学体系的微观结构和性质，这类研究是以量子理论为理论基础，研究的是原子和分子的结构、物体的体相中原子和分子的空间结构、表面相的结构，以及结构与物性的规律性。属于这方面的物理化学分支学科有结构化学和量子化学。

(3)化学体系的动态性质，它的研究内容是由于化学或物理因素的扰动而引起体系中发生的化学变化过程的速率和变化机理。在这一情况下，时间成为重要的变量。属于这方面的物理化学分支学科有化学动力学、催化、光化学和电化学。

高分子化学

高分子化学是从化学学科中分支出来的一门新型学科，它的研究包括高分子化合物的合成、化学反应、物理化学、物理、加工成型以及应用等方面，因此又是一门综合性学科。

高分子化学的产生是以合成高分子为基础的，因合成高分子

的历史不过80年，所以高分子化学作为一门科学，它的产生还不到60年。虽然产生的时间很短，但是发展非常迅速，就目前来说，它所研究的内容已经早早地超出了化学范围。因此，现在常说的高分子化学又分为宏观和微观两个概念。宏观上来讲，常用高分子科学这一名词来更合逻辑地称呼这门学科。而狭义的高分子化学，则专指化学这一方面的研究，是指高分子合成和高分子化学反应。

虽说高分子出现的时间很晚，但是实际上，人类从一开始就与高分子有密切的关系，因为自然界的动植物包括人体本身的构成就是以高分子为主要成分，而且这些高分子早已被用做原料来制造生产工具和生活资料，如人类的主要食物如淀粉、蛋白质等，也都是高分子。只是到了工业上大量合成高分子，它的重要运用体现出来，人们将这些人工合成的化合物称为高分子。

关于高分子的形成，经过实践可以发现，许多烯类化合物，在经过有机自由基的引发后，就能进行链式反应，迅速地形成高分子。所以从20世纪30年代初期到40年代初期，现在很多通用的高分子品种都是用这种方法投入工业生产的。在30年代末期，卡罗瑟斯又发现了一种新的高分子形成方法，即用缩聚方法来合成高分子，从此高分子的研究得到普遍的重视。人们为了合理地加工和有效地应用，高分子结构和性能的研究工作逐渐开展，高分子开始成为广泛应用的材料。同时，一门新兴的综合性学科——高分子科学从20世纪40年代下半期开始蓬勃地发展起来。

高分子科学可以分为高分子化学、高分子物理和高分子工艺学三部分，在刚开始产生的阶段，它指的就是高分子化学，只是随

着科学的进步,高分子的研究与运用越来越广泛,已经不仅仅是化学的范畴。高分子化学又分为高分子合成、高分子化学反应和高分子物理化学。

化学热力学

化学热力学既是物理化学的一个分支学科,也可以说是包括在热力学之中,它主要研究的内容是物质系统在各种条件下的物理和化学变化中所伴随着的能量变化,研究的目的在于能够更加精确地判断出化学反应的方向和进行的程度。

化学热力学的核心理论有 3 个:①所有的物质都具有能量,而且能量是守恒的,各种能量可以相互转化;②事物总是自发地趋向于平衡态;③处于平衡态的物质系统可用几个可观测量描述。

可以说,化学热力学就是在这三个基本定律基础上发展起来的。热力学第一定律就是能量守恒和转化定律,这个定律的出现对化学的研究具有很重要的作用,它是许多科学家实验总结出来的。它的产生也经历了很长的过程。在 1824 年,迈尔首先提出普遍"力"(即现在所谓的能量)的转化和守恒的概念。后来,焦耳在 1840~1860 年间用各种不同的机械生热法,对迈尔的说法进行测定,其中热功能量的测定,给能量守恒和转化概念奠定了实验基础,有了坚实的基础,热力学第一定律很快得到了科学界的公认。

不管怎么说,热力学三个基本定律是经过无数次的实验归纳出来的,而且至今并没有发现热力学理论与事实不符合的情况,因此可以说它们具有高度的可靠性。另外,热力学理论适用于一

切物质系统,具有普遍性。这些理论是根据宏观现象得出的,因此被称为宏观理论,也叫唯象理论。

热力学的三个基本规律也被称为热力学第一定律、第二定律和第三定律。在热力学的研究中,从这些定律出发,用数学方法对其加以演绎推论,从而得出描写物质体系平衡的热力学函数及函数间的相互关系,然后再结合一些必要的热化学数据,解决化学变化、物理变化的方向和限度。这种方法也就是化学热力学的基本内容和方法。

化学动力学

化学动力学是研究化学反映过程的速率和反应机理的物理化学分支学科,它所研究的是物质性质随时间变化所产生的非平衡的动态体系,时间是化学动力学的一个重要变量,在化学动力学的研究中起着很重要的作用。

化学动力学的研究方法主要有两种。一种是唯象动力学研究方法,也称经典化学动力学研究方法。这种方法的研究过程是从化学动力学的原始实验数据——浓度与时间的关系出发,对其进行分析后所获得的某些反应动力学参数——反应速率常数、活化能、指前因子等。然后用所获得的参数来表征反应体系的速率化学动力学参数,这些数据也是探讨反应机理的重要组成部分。

另一种研究方法是分子反应动力学,比如从分子水平来看,一个化学反应是具有一定量子态的反应物分子间的互相碰撞,进行原子重排,产生一定量子态的产物分子以至互相分离的单次反应碰撞行为。这个过程用过渡态理论可以解释为:它是在反应体

一口气读懂化学常识

系的超势能面上代表体系的质点越过反应势垒的一次行为。

其实在一些经典的化学动力学实验中，不能制备单一量子态的反应物，也不能对由单次反应碰撞所产生的初生态产物进行检测。但是分子束的产生，使在实验上研究单次反应碰撞成为可能，特别是交叉分子束方法对研究化学元反应动力学的应用有很重要的意义。目前，通过分子束实验已经获得了许多经典化学动力学无法取得的关于化学元反应的微观信息，分子反应动力学已经成为现代化学动力学的一个前沿阵地。

结构化学

结构化学所阐述的是物质的微观结构以及宏观性能之间的相互关系，科学上将它定义为：结构化学是在原子、分子水平上研究物质分子构型与组成的相互关系，以及结构和各种运动的相互影响的化学分支学科。

结构化学又是一门实验科学，它是直接应用多种近代实验手段对分子静态、动态结构和静态、动态性能进行测定。

结构化学的主要研究内容包括：

（1）它要从各种已知化学物质的分子构型和运动特征中，总结出物质结构中所体现的各种规律。

（2）还要从理论上对物质的结构进行解释，如为什么原子会结合成为分子，原子是按照怎样的规律，以一定的量的关系结合成为数目众多的、形形色色的分子，以及在分子中原子相互结合的各种作用力方式和分子中原子相对位置的立体化学特征。

（3）结构化学还要说明某种元素的原子或基团在不同的微观

化学环境中的各种结构特征，如价态、电子组态、配位特点等。

在结构化学的定义中，我们可以看到，除了研究物质的微观结构外，结构化学还要阐明物质的各种宏观化学性能和各种宏观非化学性能与微观结构之间的关系及其规律性。而做出这种研究的方法，即在这个基础上不断地运用已知的规律性，设法合成出具有更新颖、结构特点更不寻常的新物质，然后在化学键理论和实验化学相结合的过程中创立出新的结构化学理论。与此同时，还应该建立新的阐明物质微观结构的物理和化学的实验方法。

为了能够更好地认识化学物质，结构化学与其他的化学分支一样，一般都是从宏观到微观、从静态到动态、从定性到定量等，按各种层次来更精确的认识客观的化学物质。

结构化学在研究的过程中采用的基本思维方法是演绎和归纳。

光化学

光化学是化学的一个分支学科，它研究的是光与物质相互作用所引起的永久性化学效应。由于历史和实验技术等多方面的原因，目前光化学所涉及的光的波长范围为 100~1000 纳米，也就是由紫外至近红外波段的范围。

光化学所研究的内容只包括紫外与红外的范围，比紫外波长更短的电磁辐射所引起的光电离和有关化学变化，如 X 或 γ 射线，对于它们的研究已经属于辐射化学的范畴，至于比红外更远的远红外或波长更长的电磁波，一般认为它们的光子能量不足以引起光化学过程，因此也不属于光化学的研究范畴。

一口气读懂化学常识

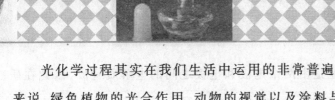

　　光化学过程其实在我们生活中运用的非常普遍,从整个地球来说,绿色植物的光合作用、动物的视觉以及涂料与高分子材料的光致变性与光化学的过程有关;从生活的角度来说,照相、光刻以及有机化学反应的光催化等,也无不与光化学过程有关。近年,同位素与相似元素的光致分离、光控功能体系的合成与应用等受到明显的重视,更体现了光化学是一个极活跃的领域。与化学的其他分支学科相比,在化学各领域中,光化学还不是很成熟。

　　此外,光化学反应与一般热化学反应并不相同,它的不同之处主要表现在两个方面:

　　(1)在加热使分子活化时,体系中分子能量的分布所遵循的是玻耳兹曼分布。

　　(2)当分子受到光激活时,原则上可以做到选择性激发,这时体系中分子能量的分布则呈现出不平衡分布。从这里我们可以发现,光化学反应的途径与产物往往和基态热化学反应不同,光化学反应的主要条件是光的波长,只要光的波长适当,能为物质所吸收,即使在很低的温度下,光化学反应仍然可以进行。

电化学

　　电化学研究的是电能和化学能之间的相互转化及转化过程中的有关规律,因此可以说它是一门电能与化学能交叉的边缘学科。通常,电能和化学能之间的相互转化可通过两种方式来完成,一种是通过电池,一种是利用高压静电放电,但其主要是通过电池来完成的,因为电池的利用比较普遍,所以电化学往往专指"电池的科学"。

一口气读懂化学常识

由于电池是由两个电极和电极之间的电解质构成，因此在研究电化学时实际上就是两方面的内容：

（1）对电解质的研究，即电解质学，包括电解质的导电性质、离子的传输性质以及参与反应离子的平衡性质，其中电解质溶液的物理化学研究常称为电解质溶液理论。

（2）对电极的研究，即电极学，这方面的内容包括电极的平衡性质和通电后的极化性质，也就是电极和电解质界面上的电化学行为。电解质学和电极学的研究通常还会涉及化学热力学、化学动力学和物质结构等方面。

在物理化学的众多分支中，电化学是唯一一个在大工业的基础上形成的学科，因此它主要是运用在工业领域，它的用处主要包括：

（1）在电解工业中，其中的氯碱工业属于无机物基础工业，仅次于合成氨和硫酸。

（2）电解法的运用，在铝、钠等轻金属的冶炼以及铜、锌等的精炼中都会用到电解法。

（3）机械工业的运用，在对部件的表面进行整平时，经常会使用电镀、电抛光、电泳涂漆等。

（4）在环境保护上，可以运用电渗析的方法去除氰离子、铬离子等污染物。

（5）化学电源。

（6）在金属的防腐蚀问题上，很多金属腐蚀其实是电化学腐蚀问题。

（7）在很多生命现象，如肌肉运动、神经的信息传递中也都会

涉及电化学机理。

　　总之,电化学的发展将会带来很重要的作用,而且目前应用电化学原理发展起来的各种电化学分析法已经成为实验室和工业监控的不可缺少的手段。

表面化学

　　要了解表面化学的定义,首先应该知道表面的意义。通常物质的两相之间密切接触的过渡区称为界面,表面就包含在界面中,当量物质中有一相为气体时,这种界面通常就被称为表面。而界面现象就是发生在相界面上的一切物理化学现象,又叫表面现象。表面化学,即研究各种表面现象实质的科学。

　　表面化学在20世纪40年代前就已经得到了迅猛发展,而且取得了大量的研究成果并被广泛应用于各生产部门,如涂料、建材、冶金、能源等行业,但在当时,并没有形成自己的独立学科,只是作为物理化学的一个分支,即胶体化学。到了60年代末70年代初,人们从微观水平上对表面现象进行研究,使得表面化学得到飞速发展,从此表面化学作为一门基础学科而独立存在,它的学科地位才被真正地确立。

　　作为一门学科,表面化学有着很重要的作用。首先体现在物质接触表面发生的化学反应对工业生产运作至关重要。同时,它还可以帮助我们了解不同的过程,它可以解决在生产中所遇到的问题,例如铁为什么生锈、燃料电池如何工作、汽车内催化剂如何工作等。此外,表面化学反应在许多工业生产中也起着非常重要的作用,例如人工肥料的生产。表面化学甚至能解释臭气层为何

遭破坏。半导体工业也是与表面化学相关联的科学领域。

　　在现代半导体工业发展的影响下，现代表面化学于20世纪60年代开始出现，其中格哈德·埃特尔是著名的表面化学科学家，而且是首批发现新技术潜力的科学家之一。他所建立的表面化学的研究方法，将不同实验过程产生表面反应的全貌向人们详尽地展示出来。不过这门科学仍然需要有更先进的真空实验设备，以观察金属上原子和分子层次如何运作，确定何种物质被置入系统。

　　格哈德·埃特尔在现代表面化学科学中具有很重要的地位，他的观察为现化表面化学提供了很重要的科学基础，他的方法不仅适用于学术研究而且在化学工业中也发挥着很重要的作用，被用于化学工业研发。

　　利用格哈德·埃特尔发明的研究方法中的哈伯–博施法，可以从空气中提取氮，这一点同样具有重要的经济意义，而且埃特尔还对铂催化剂上一氧化碳氧化反应进行研究，这种研究也具有一定的环保意义，因为这种化学反应主要发生在汽车催化剂中，可以对汽车产生的废气进行过滤。

立体化学

　　立体化学是指从立体的角度出发研究分子的结构和反应行为的学科，它所研究的对象主要包括有机分子和无机分子两部分。由于有机化合物分子中主要的价键共价键具有方向性特征，因此立体化学在有机化学的研究占据非常重要的地位。

　　立体化学于19世纪初期作为一门学科出现，它的出现是以

范托夫和勒贝尔的学说为基础的。1874年,J·H·范托夫和J·A·勒贝尔两位科学家分别提出关于碳原子的四面体学说,他们认为:分子可以认为是一个三维实体,碳的四个价键在空间是对称的,所以当碳原子与四个不同的原子或基团连接时,就会产生一对异构体,两者互为实物和镜像,其中这个碳原子叫做不对称碳原子,这对化合物互为旋光异构体。

在范托夫和勒贝尔之后,立体化学方面出现了很多科学家,有E·费歇尔糖类化合物构型(见分子构型)的研究、O·哈塞尔和D·H·R·巴顿关于分子构象和构象分析的理论、C·K·英戈尔德关于亲核取代反应中的立体化学的研究等,他们都为立体化学的发展作出了重要贡献。此外,A·韦尔纳关于配位化学的研究,又将立体化学的研究深入到无机化学的领域中并取得一定的发展。还有近年来出现的伍德沃德–霍夫曼规则,它是有关于周环反应方向的规则,也促使着立体化学得到新的进展。

在研究的过程中,立体化学主要分为静态立体化学和动态立体化学两部分。静态立体化学研究的是分子中各原子或原子团在空间位置的相互关系,也就是对分子结构的构型和构象的研究,即分子结构的立体形象,另外也包括构型异构和构象异构所导致的分子之间的性质不同等问题;动态立体化学研究构型异构体的制备及其在化学反应中的行为等问题。在立体化学所研究的两部分中,其中静态立体化学研究的目的主要在于以不对称合成获得某一旋光异构体;而动态立体化学研究中除了包括构象分析外,还对各个经典反应类型进行研究,如加成反应、取代反应中的立体化学现象。

　　总之，立体化学的研究具有很重要的作用，它的观点和方法不仅适用于研究有机化合物的分子结构和反应性能，而且还在天然产物化学、生物化学、药物化学、高分子化学中发挥着很重要的作用。另外，在探索生命奥秘方面，特别是在对生物大分子，包括蛋白质、酶和核酸分子的认识和人工合成方面，立体化学也显得尤其重要。

地球化学

　　地球化学是研究地球的化学组成、化学作用和化学演化的科学，它也属于边缘学科，是在地质学、化学和物理学三门学科之间互相结合、交叉而产生和发展起来的。地球化学发展至今作用不断加大，特别是自 20 世纪 70 年代中期以来，它与地质学、地球物理学成为固体地球科学的三大支柱。它的研究范围也在不断地扩大，从一开始的只以地球作为研究对象，已经扩展到月球和太阳系等其他天体。

　　地球化学的理论和研究方法，对人类有着很重要的作用，如矿产的寻找、评价和开发以及农业发展和环境科学等都有很重要的作用。另外，地球科学基础理论的一些重大研究成果，如界限事件、洋底扩张、岩石圈演化等都离不开地球化学的研究。

　　在研究方法上，地球化学有自己的一套比较完整和系统的研究方法，它是将地质学、化学和物理学等的基本研究方法和技术进行综合形成的。将这些方法归纳起来主要有三方面：野外地质的观察、采样；对天然样品的元素、同位素组成分析和存在状态的研究；以及用实验模拟元素迁移、富集地球化学过程等。

在思维方法上，地球化学通过研究收集的对大量自然现象的观察资料和岩石、矿物中元素含量分析数据的综合整理，采用归纳法得出规律，再建立各种模型，并用文字或图表来表达。这种方法又被称为模式原则。

现在，在研究资料的积累和地球化学基础理论的成熟和完善的情况下，尤其是地球化学过程实验模拟方法的建立，地球化学研究方法已经发生了很大的改变，由之前的定性开始转向定量化、参数化，使我们对自然作用机制的理解得到进一步的加深。现代地球化学还广泛引入精密科学的理论和思维方法研究自然地质现象，如量子力学、化学热力学、化学动力学核子物理学等。另外，在研究成效上，电子计算技术的应用使地球化学的推断能力和预测水平得到了很大的提高。

社会的发展促使着地球化学研究的不断发展。就目前来看，它的研究方向正在经历三个较大的转变，即由大陆转向海洋，由地表、地壳转向地幔，由地球转向球外空间。而且，其研究手段也在不断进步，地球化学的分析测试手段将会更为精确快速，其中微量、超微量分析测试技术的发展，将可获得超微区范围内和超微量样品中元素、同位素分布和组成资料。当前，地球化学中最有前景的学科有低温地球化学、地球化学动力学、超高压地球化学、稀有气体地球化学及比较行星学等。

地球化学的分支学科

由于研究对象和手段不同，地球化学也形成了一些分支学科，主要分为元素地球化学、有机地球化学、无机化学、天体化学、

环境地球化学、矿床地球化学、区域地球化学以及勘查地球化学。

(1) 元素地球化学在矿产资源的研究中起着非常重要的作用，它是从岩石等天然样品中化学元素含量与组合出发，对各个元素在地球各部分以及宇宙天体中的分布、迁移与演化进行研究的一门分支学科。

(2) 有机地球化学主要研究对象是自然界产出的有机质，对它们的组成、结构、性质、空间分布、在地球历史中的演化规律以及参与地质作用对元素分散富集的影响进行研究。在有机地球化学中，对生命起源的研究是其中最主要的研究内容之一。

(3) 天体化学也是地球化学的一个重要分支，它研究的内容包括元素和核素的起源、元素的宇宙丰度、宇宙物质的元素组成和同位亲组成及变化，以及天体形成的物理化学条件和他们在空间、时间的分布、变化规律。

(4) 环境地球化学反应是一些疾病的地区性分布特征及其与环境要素之间的关系，具体的研究内容包括人类生存环境的化学组成、化学作用、化学演化及其与人类的相互关系，以及人类活动对环境状态的影响及应该采取怎样的相应对策。

(5) 矿床地球化学研究的内容包括矿床的化学组成、化学作用和化学演化，在这门学科中它着重探讨的是成矿的时间、物理化学条件、矿质来源和机理等问题。

(6) 区域地球化学研究的是某一地区的某些地质体和圈层的化学组成、化学作用和化学演化，以及元素、同位素的循环、再分配、富集和分散的规律。区域地球化学揭示了元素在空间分布的不均匀性，可以作为划分元素地球化学区和成矿远景区的依据。

（7）勘查地球化学是通过对成矿元素和相关元素在不同地质体及区带的含量和分布研究，找出异常地段，以便缩小和确定矿区及勘探对象。勘查地球化学除了直接服务于矿产资源外，在国家进行环境评价及国土规划中也有很重要的作用。

总之，这七门分支学科相互联系、相互区别，它们促进了地球化学研究的更加精细和横加系统，而且地球化学上所取得的一些重大成果很多都是各分支学科综合研究的结果。

研究化学的意义

作为科学的一个重要组成部分，化学是一门比较实用的学科，它与数学、物理学、生物学等学科共同促进着当代自然科学的迅速发展，是科学发展的基础。化学的核心知识在自然科学的各个方面都有着广泛的作用，并与其他学科相辅相成，形成了一种强大的力量，对自然进行认知和创造、改造。

目前在我国，化学受到了很高的重视，专门从事化学研究的科研机构大大小小加起来达到了近千家。其中，大学的化学系有250多个，石油与石油化工企业有80多万家，还有其他化学化工和相关行业机构。我国从事化学研究与工作的人员队伍的规模是极其强大的，这是国际上少有的。也正因此，我国的化学事业才有了基础和动力，取得了一个又一个的成果。

当前，我国所面对的巨大挑战主要有人口控制、健康、环境、能源、资源与可持续发展等问题，化学家们也正在从化学的角度出发，希望能够通过化学方法对以上网问题进行处理。这表明了化学在我国经济的发展和民族的振兴上也起着很重要的作用。另

外，化学对农业也有一定的意义，随着国家对农业科学研究的逐步重视，农业和食品中的相关化学问题的研究，也引起了越来越多化学工作者的关注。

上述研究所涉及的一些基本化学问题及交叉学科将成为21世纪我国化学研究的新方向，我国化学家也会把它们作为新的突破点，争取在化学上有新的作为。

化学学科的基本问题

作为一门学科，化学也有着自己的一些基本问题，主要有以下几种：

（1）反应过程与控制。化学的核心就是化学反应，在化学的体系中，研究的方向已经逐渐转向复杂体系的化学动力学、非稳态粒子的动力学、超快的物化过程的实时探测和调控以及极端条件下的物理化学过程。而向生命物质学习，对生命过程中的各个化学反应和相关调控机制进行系统的研究，在当前正成为研究反应控制的重要途径。

（2）合成化学。合成化学是未来化学发展的主要方向，而21世纪的合成化学的发展将会更加具有高效率和高选择性，不过未来合成化学所研究的焦点依然在与对新方法、新反应以及新试剂的研究。另外，手性合成与技术也将越来越受到人们的关注。

（3）基于能量转换的化学反应。虽然太阳能的光电转换早已运用到卫星，但在光电转换上，仍然没有形成一定的规模，不过大规模、大功率的光电转换素材的化学研究已经逐渐形成。化学中对太阳能光解水产生氢燃料的研究具有很重要的意义。如果细致

一口气读懂化学常识

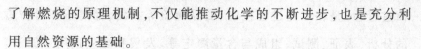

了解燃烧的原理机制,不仅能推动化学的不断进步,也是充分利用自然资源的基础。

(4)新反应途径与绿色化学。我国现阶段的化学研究,使低污染或无污染的产品得到很大的重视,并对其进行了研发,提出在反应过程讲究"绿色化"。因此,无需置疑,这种"绿色化学"将是 21 世纪化学方面的一个巨大的变化。

(5)设计反应。制造特定性能物质或者材料的最有效方法就是综合结构研究、分子设计、合成、性能研究的成果以及相关计算机技术,而且关于分子团簇,原子、分子聚集体的研究,我国科学家已经进行了很多年。目前这些研究改变过去单一的方法与现代的计算机技术、生物、医学等学科相结合,获得了多角度、多层次的研究成果。

(6)纳米化学与单分子化学。如果从化学或物理学的角度来观察,纳米级的微粒具有很不寻常的性能,因为在它的表面原子或分子所占的比例很大。因此,对纳米微粒的光学、电学、催化性质以及特殊的量子效应的研究也得到了相当的重视。关于纳米化学的研究进展将对纳米材料的研究与应用起着很大的促进作用。

(7)复杂体系的组成、结构与功能间关系研究。21 世纪的化学虽然说研究内容主要体现在研究分子的成键和断键,即研究离子键和共价键那样的强相互作用力上,但除此之外,化学还对复杂体系中的弱相互作用力,如氢键、范德华力等等进行研究,而且显得非常重要。

(8)物质的表征、鉴定与测试方法。在化学中,物质的表征、鉴定以及测试方法很重要,不管是在研究反应、设计合成、研究生

命过程，还是在工业过程控制、商品检验等方面，都离不开对物质的分析、表征、测试、组成与含量测定等。发展和建立适用于原子、分子、分子聚集体等不同层次的表征、鉴定与测定方法，尤其是恒量物质的测定方法，是化学发展的一个重要因素，也将成为制约化学发展的一大因素。

化学键

化学键指的是分子或晶体内相邻原子（或离子）之间强烈的相互作用。化学键在本质上是电性的，原子在形成分子时，外层电子就会产生转移、共用或者偏移等现象，也就是发生了重新分布，从而产生了正、负电性之间强烈的作用力，这就是化学键。不过由于这种电性作用的方式和程度的不同，所以发生的作用就有着明显的差异。根据这种现象，人们又将化学键分为离子键、共价键和金属键等，它们也是化学键的三种极限类型。

离子共价键和金属键三者之间有着很大的不同，离子键是由异性电荷所产生的吸引作用，例如氯和钠以离子键结合成 NaCl。

共价键是由 2 个或几个原子通过共用电子对产生的吸引作用，比较有代表性的共价键就是两个原子吸引一对成键电子而形成的。例如，2 个氢核同时吸引 1 对电子，形成稳定的氢分子。

金属键则指的是使金属原子结合在一起的相互作用，人们通常也把它看作是高度离域的共价键。

除了以上 3 种类型，化学键还有其他的种类，如定域键。定域键是指定位于 2 个原子之间的化学键，而由多个原子共有电子形成的多中心键称为离域键。除此以外，还有过渡类型的化学键：在

共价键中,由于粒子对电子吸引力大小的不同,使键电子偏向一方的又称为极性键,由一方提供成键电子的化学键称为配位键。极性键的两端极限是离子键和非极性键,离域键的两端极限是定域键和金属键。

元素周期表

元素周期表,简称周期表,它其实就是用表格的形式来表示元素周期律,它反映了元素原子的内部结构和它们之间相互联系的规律。元素周期表包含有很多种表达形式,当前比较常用的是维尔纳长式周期表。

元素周期表中包括有 7 个周期、16 个族和 4 个区,它采用元素在周期表中的位置来反映该元素的原子结构。在周期表中,一个周期用同一横列的元素构成,同周期元素原子的电子层数与这个周期的序数是相同的。"族"指的是同一纵行的元素,其中第Ⅷ族包括 3 个纵行,而且族反映的是原子内部外电子层的构型。

元素周期表存在的重要意义就在于对元素周期律的体现,我们在推测各种元素的原子结构以及元素及其化合物性质的递变规律可以直接根据元素周期表来进行确定。当年,门捷列夫在元素周期表中未知元素的周围元素和化合物的性质的基础上,经过综合推测,对一些未知元素及其化合物的性质进行的成功预测。由此可见,科学家们就是在元素周期表的指导下寻找和发现制取半导体、催化剂、化学农药、新型材料的元素及化合物。

现代化学的元素周期律是 1869 年俄国科学家德米特里·伊万诺维奇·门捷列夫首先整理的,他用表的形式将当时已知的 63

种元素依原子量大小进行排列,排列的规律即把有相似化学性质的元素放在了同一行,这就形成了元素周期表的雏形。后来门捷列夫也是利用元素周期表,成功地预测了当时尚未发现的镓、钪、锗等元素的特性。

而现在所使用的元素周期表,是1913年英国科学家莫色勒在门捷列夫周期表的基础上又进一步修订而来的。他在利用阴极射线撞击金属产生X射线的时候,发现原子序越大,产生X射线的频率就越高,因此他认为元素的化学性质与核的正电荷有很大的关系,于是他将元素依照核内正电荷,也就是质子数或原子序排列,经过多年修订后才形成如今我们看到的元素周期表。

化学方程式

化学方程式是用化学式表示不同物质之间化学反应的式子,全称为化学反应方程式。在化学方程式中,我们可以很清楚地看到什么物质参加了反应,生成什么物质以及反应物、生成物各物质之间的质量比。

由于化学方程式是客观事实的直接反映,因此在书写化学方程式要遵守以下2个原则:①必须遵循客观存在,以事实为基础,不能凭空臆想、臆造事实上不存在的物质和化学反应;②必须按照质量守恒定律来书写,即等号两边各原子种类与数目必须相等。

另外,在实际运用化学方式表示的时候具体还要注意以下几点:

(1)等号左边要求必须写的是反应物化学式,而生成物化学

式则写在右边，中间用"＝＝＝"相连接。目前在有的新教材中，方程式中间连接反应物和生成物的是箭头"→"，并在箭头上方注明反应条件。另外要注意的是，在无机化学的方程式中，箭头与等号表示同样的意义，但是有机反应因为容易发生副反应，所以方程式中间只能使用箭头"→"连接。在有的化学反应中，有的反应是可逆的，因此在反应物和生产物之间则要用可逆符号——双向箭头⟷表示。

（2）注意在化学方程式的配平上，当元素的原子的个数不相同时，则需要在两边的反应物和生成物的化学式前边配上必要的系数来使它们相等。

（3）要注明反应所需要的条件，如需要加热或使用催化剂都必须在等号上边写出。当反应所需要的条件超过两个以上时，一般把加热条件写在等号下边（或用 Δ 表示）。

（4）在化学方程式中还要注明生成物的状态，如用"↑"表示有气体生成，用"↓"表示有难溶物产生或有固体生成。这里要注意的是，在反应物中并不包含气体和固体。

（5）在复分解反应中，在生成物中必须有水、气体、沉淀中的一种或几种，否则反应无法发生。

化学与其他学科的关系

世界上的任何一个物体都不可能独立存在的，化学也同样如此，作为一门学科，它与其他的学科之间相互联系、相互渗透，目前形成的一大批边缘学科就是一个很好的证明。而且近年来形成的绿色化学、组合化学、能源化学、天体与地球化学、化学芯片的

开发与应用等等，都可以作为化学与其他学科交叉、融合的结果。这些交叉领域的研究也将成为新世纪化学领域研究的热点。化学与其他学科的渗透趋势也越来越明显，并在 21 世纪将会变得更加明显。

最明显的例子就是越来越多的化学工作者开始投身到研究生命、研究材料的工作中去，以求在化学与生物学、化学与材料的交叉领域中能够大显身手。而化学必将在其他的学科领域中发挥着很大的作用，它在为解决基因组工程、蛋白质组工程中的相关问题以及理解大脑的功能和记忆的本质等重大科学问题都有重大的贡献。

化学与其他学科的发展是息息相关的，它在推动和促进其他相关学科的发展的同时，其他学科的发展和技术的进步也将会反过来，促进化学的发展。目前，化学家已经可以对单分子中的电子交换过程与能量转移过程作出一定的研究，分析出分子间的作用力和电子的运动。而且化学家不仅能够对慢过程给予描述，而且还能对超快过程进行跟踪，通过这些研究，化学家将会揭示出更深层次物质的性质及物质变化的规律。

化学与其他学科的联系还在于，化学家在化学研究中不断地吸收利用数学、物理学和其他学科中所形成的新理论和新方法，其中非线性理论和混沌理论等对多元复杂体系的研究都会产生重大的影响。例如，在计算机技术发展的情况下，将数学方法、计算机技术与化学融入一体，产生了化学计量学，这也是用计算机模拟化学实验过程的开端。此外，应用量子力学方法对分子结构与性能的关系进行处理，依照预定性能要求设计新型分子。这样

新型分子的合成方法就可以运用数学方法和计算机来进行确定，使"分子设计"摆脱了传统的合成方法，而化学家也开始逐渐地不再仅仅依靠纯经验的摸索，为材料科学开辟了新的道路。

化学研究的进一步深入，也促进了我国仪器仪表工业的快速发展。仪器仪表是一个很庞大的行业，它经常被用来作为衡量一个国家发达与否的标志之一。在过去，我国对仪器研制并没有给予一定的重视，从而导致了分析仪器主要依赖进口的局面。但是在我国科学界和工业界多年的共同努力下，不久之后我们将看到自己研发、生产的分析及测试仪器，如微型气相色谱仪、新型毛细管电泳仪、电化学传感器，还可能生产出多功能组合仪器、智能型色谱等，其中化学的研究起着很重要的作用，而我国的仪器仪表工业也将会进入一个蓬勃发展的时期。

化学对国民生活的意义

如今，我国所面临的最基本问题就是人口问题。据推测，我国人口将会不断增加，因此保持我国农业的快速发展已经成为当前面临的艰巨任务。而农业发展的重要问题首先就在于保证全国人民的食物问题、全民族的食物安全和提高食物质量；其次就是保护并改善农业生态环境，奠定农业持续发展的良好的基础。这些都是国民生活中的重中之重。

化学在生活中尤其是在农业的发展中发挥着很重要的作用，最明显的作用就在生产高效肥料和高效农药，特别是对环境无污染的生物肥料和生物农药，化学的意义几乎无处不在。另外，在新型农业生产资料的研制方面，化学也发挥着无可替代的作用。除

此之外，我国化学家在预防和治理土地荒漠化、干旱及盐碱化等农业生态系统问题方面也同样作出了巨大的贡献。而且，科学家还采用各种先进技术，掌握光合系统高效吸能、传能和转能的分子机理及调控，并组建反应中心能量转化的动力学模型和能量高效传递的理论模型，从而使光能能够得到最大的利用并为农业生产服务。

21世纪的化学不仅仅只是在为农业作着贡献，而且也在其他领域中发挥着它力所能及的作用，如控制人口数量、治疗疾病和提高人们的生活质量等。

首先在控制人口上，化学也发挥着一定的作用，主要体现在未来的10年中，化学工作者将会发明和创造更安全和高效的避孕药；其次，在治疗疾病上，化学工作者不断地创造出新的治疗方法，将对高死亡率和高致残的心脑血管病、肿瘤、高血脂和糖尿病以及艾滋病等疾病进行疾病的治疗，另外化学工作者还可以利用化学不断创造出包括基因疗法在内的新药物；此外，因为人口快速老龄化，老年病在下世纪初会成为影响我国人口生活质量的主要问题之一，化学将会在揭示老年病机理、开发和制造诊断和治疗老年性疾病的药物作出很大的贡献，有助于提高老年人的生活质量。

由此，我们可以看出化学的重要意义。化学家们预计，在下世纪初期针对肿瘤和神经系统等重大疾病的创新药物研究，对很多新药候选化合物进行发明和优化，从而建立起具有自主知识产权的新药产业。中药是我国人民的宝贵遗产，化学研究将会在我国古老的中药基础上研究其有效成分以及多组分药物的协同作用

机理,从而能够促使中医药迅速走向世界,实现规模化、产业化,成为我国经济发展的新的增长点。

化学对国民生产的意义

近年来,化学对我们生活的影响显而易见,它对工业的发展也有着很重要的意义。化学对国民生产的作用主要体现在材料科学与相关工业的发展中。可以说化学是没有疆界的,而且是至关重要的,它将帮助我们解决 21 世纪所面临的一连串问题,化学将迎来它的黄金时代。

首先,化学将对一些基础材料,如钢铁、水泥和通用有机高分子材料及复合材料的质量与性能做出一定的改善和提高。其次,化学工作者将会在不断的钻研中发明出各类新材料,如电子信息材料、生物医用材料、新型能源材料、生态环境材料和航天航空材料等。化学工作者还将使用各种先进仪器,在原子、分子及分子链尺度上设计、控制及生产各种材料组织结构。再次,我国是世界上的稀土资源大国,稀土资源特别丰富,总储量大约达到世界的80%,产量也占世界的70%。但是由于技术的欠缺,我国稀土资源并没有得到最大的利用,其中大部分都是以资源或初级产品方式出口国外。引入化学技术之后,这种情况在未来的几年中将发生转变。我国化学家曾在稀土分离理论和高纯稀土分离、新型稀土磁学材料、发光材料等方面的研究中,取得很多重要的科技成果,几乎是国际先进水平,有着明确应用前景和独创性,同时还形成了具有自主知识产权的重大关键技术。这些成就的运用将会使我国的优势发生转变,我国从资源大国逐步转化为产业大国。

一口气读懂化学常识

同时，化学在能源方面也有很大的贡献，当前我国经济的持续稳定增长，但也同时面临着两个重大问题，即能源开发利用面临需求不断增大和环境污染严重。而能源利用效率低，环境污染严重这两个问题又是我国需要迫切解决的，因此对新能源及其储能材料的开发在受到各国化学家的重视的同时，也引起相关政府部门的关注。

　　因此，能源的开发已经成为一个很重要的问题，我国化学家有望在未来几年里制造和开发出多种新型催化剂，使我国的煤、天然气和煤层气的综合优化利用能过获得较大的进展，从而大大减缓我国的能源紧张和环境污染的压力。

　　在核能的利用中，化学正对核能生产的各个方面进行研究，他们必将为我国核能的安全利用作出更大的贡献。

　　另外，化学家对大功率的光电转换材料方面的大规模探索研究将导致太阳能的进一步开发利用。化学家对新燃料电池及催化剂的研究在 21 世纪将会出现更大的突破，使电动汽车将向实用化前进一大步。这不仅使人类能源消费的方式的一次转换，同时对人类生态环境的质量也是一个提高。

常见化学物质篇

化学物质

化学物质实际是化学学科对物质的另一种称法，它是化学运动的物质承担者，也是化学科学研究的物质客体。从化学的现象中，这种物质客体虽然通常都是以物质分子为代表，但从化学内容来看又具有多种多样的形式，也涉及许多物质。

化学物质可以根据不同的角度分为很多种类。根据所含微粒性质的不同，化学物质可分为纯净物和混合物两种。实际上的纯净物是不存在的，只有相对的纯净物，纯净物又包括单质和化合物。

此外，按照物质的连续和不连续形式，还可以把化学物质分为连续的宏观形态的物质和不连续的微观形态的物质。其中，各种元素、单质与化合物属于连续的宏观形态的物质，而不连续的微观形态的物质则指的是各种化学粒子。

研究化学物质重点就在于研究它的分类，而且显得非常重要。

纯净物和混合物

纯净物是指由同一种元素所组成的化学物质，它包括单质和化合物，如氧气、氮气、氯酸钾等都是纯净物。纯净物有两个最主要的特点，一个是构成成分的固定，另一个就是有固定的物理性质和化学性质。

常见的纯净物有 O_2、N_2、C、Mg、Fe、P_2O_5、Fe_3O_4、MgO 等。另外，如果某纯净物中含有某元素的同位素，如"水"中既有 H_2O，

又有 D_2O ,那么此物依然是纯净物。

混合物是由 2 种或多种物质，或 2 种或 2 种以上的纯净物(单质或化合物)混合而成的。混合物没有自己的化学式，也没有固定的组成和性质，并且在构成混合物中的每种单质或化合物都还保留着各自原有的性质。混合物是一种物理结合，因此它可以用物理方法将所含物质加以分离。

常见的混合物有很多，如含有氧、氮、稀有气体、二氧化碳等多种气体的空气，含有各种有机物的石油、天然水、溶液、泥水、牛奶、合金、石灰燃料(煤、天然气)、石灰石、海水、盐水等等。

因为混合物是由多种物质所混合而成的，因此又有了混合物的分离之说。关于混合物分离的方法很多，常用的有过滤、蒸馏、分馏、萃取、重结晶等。

按存在方式，混合物可以分为液体混合物、气体混合物和固体混合物，其中液体混合物又可以细分为浊液、溶液、胶体。

另外，混合物还可以进一步分为均匀混合物和非均匀混合物。例如，空气、溶液属于均匀混合物，而泥浆则属于非均匀混合物。

化学粒子的种类

化学粒子的种类是多种多样的，目前按照现代化学的研究成果，我们可以把它们分为原子、分子、离子、自由基、胶粒、络合粒子、高分子、活化分子、活化配位体化合物和生物大分子等等。在这些物质粒子中，每种粒子都有自己独特的组成和结构，而且各物质粒子之间有着一定的关系，它们之间相互区别，又相互联

系。

在众多化学粒子中，原子在化学变化中保持本性不变的粒子中是最小的一个。

分子是由原子构成的，它作为化学运动的主要参与者，通常在化学反应中都会发生质变。

离子是原子（或原子团）失去或得到电子后形成的带电粒子。

自由基是含有未配对电子的不带电荷的物质粒子，又被称为游离基，它是在有机化合物分子进行分解中形成的。

胶粒是在分散体系中线性大小介于 1 ~100 纳米之间（1 纳米=10^{-7} 厘米）的带电分散的粒子。相对来说，它是一种比较复杂的粒子，是由分子聚积形成的胶核和离子组成的。

络合离子现在通常称为配位粒子，它是一种带电的或者中性的复杂粒子，是由中心离子（或原子）与其他粒子（离子或分子）通过配位键组合起来的。

高分子是由许多原子以共价键结合起来的大分子，它所包含的分子量通常高达几千到几百万。

随着社会的进步和科学的发展，20 世纪以来又陆续出现了很多新的物质粒子，诸如活化分子、活化配位体化合物等。

在众多的化学粒子中，原子属于基础粒子，原子核外的电子则起着桥梁的作用，其他粒子则是以原子为基础在电子的转移、结合（配对）、接受等桥梁作用下形成的。

此外，对化学粒子的研究，尤其是对分类的研究，具有非常重要的意义，它能够充分证明化学粒子多样性的统一，这也是我

一口气读懂化学常识

们树立化学科学在自然科学体系中的地位和在化学科学内部进行分类的重要前提。目前很多学科把一些相同的化学粒子从不同方面进行研究具有不同的意义，使化学同物理学和生物学等领域发生联系和相互交叉。

总之，在化学科学中，由于人们对化学粒子的研究，针对化学粒子的多样性又逐渐分化出了许多新的分支学科。随着化学的逐渐发展，未来还会发现更多新的化学颗粒，人们对化学颗粒分类的研究，也必将日益深入。

化学元素的分类

化学物质从宏观连续形态上可以分为单质和化合物两大部分，但是不管是单质还是化合物又都是由元素构成的。到目前为止，人类所认识的元素已经达到 109 种，其中有 94 种是自然界中已发现的天然元素，还有 15 种是人造元素。

关于元素的分类，在很早的时候就已经被科学家们无数次地研究过。早在 19 世纪初在门捷列夫之前，已经有很多化学家专门从事对化学元素的分类研究工作。比较著名的化学家如波登科弗、格拉法斯通、杜马、尚古都等都曾经多次从不同的角度对化学元素进行分类。其分类方法多种多样，有的按元素电化序为划分标准，有的以原子价，也有以原子量顺序为划分标准等，其中比较著名的分类方法是"三素组"、"八音律"和"迈尔曲线"。

"三素组"是在 1829 年由化学家段柏莱纳建立的，他把已知元素中的 15 种划分为 5 组，其中每组均包含着 3 个性质差不多

的元素,因此被称为"三素组"。同时他指出,在同一组的3个元素中,中间元素的原子量是前后相邻的2个元素原子量的数学平均值。

"八音律"是由英国化学家纽兰兹建立的,他曾经试着把元素依照原子量大小的顺序排列起来。1865年,他偶然发现"第八个元素是第一个元素的某种重复,就像音乐中八度音程的第八个音符一样",因此这一现象被称为元素分类的"八音律"。

"迈尔曲线"是德国化学家迈尔所创建的,他仔细的分类研究后,指明"元素的性质为原子量的函数"。于是他以原子量作为横坐标,以原子体积为纵坐标,绘制了原子体积曲线图,从图中显示出类似的元素在曲线上占据的位置也是类似的。因此,这个图清楚地表明了原子体积和原子量之间的函数关系,这就是著名的迈尔曲线。

1869年,俄罗斯化学家门捷列夫在以上三位科学家的研究基础上,对元素的综合性分类进行了重点研究。他曾经说过:"不管人们愿意不愿意……,在元素的质量和化学性质之间一定存在某种联系……,因此就应该找出元素性质和它们原子量之间的关系。"于是他根据自己的研究把当时已知的63种元素进行分类,这就形成了现在著名的元素周期表。

这是门捷列夫第一次对化学元素做出的本质性的分类,后来化学元素的不断发现,特别是19世纪末物理学的一连串新发现,莫斯莱将门捷列夫的分类又进行了重新的研究并将它推向了新的高度。如今,人们对化学元素的分类已经形成了一个更加精确、全面的认识,元素周期律是应用化学分类方法取得成功的

典型例子。在化学物质中单质算是构造比较简单的物质了，它是由相同元素构成的物质，可分为三类：金属、非金属和稀有气体。

温度对分子结构的影响

分子结构又称分子立体结构、分子形状、分子几何，它指的是建立在光谱学数据之上，用以描述分子中原子的三维排列方式。分子结构在化学中具有很重要的意义，它对化学物质的反应性、极性、相态、颜色、磁性和生物活性都有很大的影响。

由于分子中原子的运动决定于量子力学，因此原子所产生的"运动"也必须要以量子力学为基础。不过总体的量子力学的外部运动对分子的结构并没有什么影响，如平移和旋转，分子结构几乎没有任何改变。但是内部运动对分子的结构的影响却不容忽视，包括振动。原子即使在绝对零度仍会在平衡间振荡，不过此时所有原子都处于振动基态，具有零点能量。振动模式的波函数也不是一个尖峰，而是有限宽度的指数。但是随着温度升高，振动模式就容易被热激发，用通俗的话讲是分子振动的速度加快，只是它们仍然还只是在分子特定部分振荡。

虽然说转动对分子的结构几乎没有什么影响，不过作为一个量子力学运动，它在低温下热激发程度就比振动高。如果转从经典力学角度来看，更多分子在高温下转动更快；而从量子力学角度看则是，随温度升高，更多角动量较大的本征态开始聚集。典型的转动激发能数量级在几 cm^{-1}。

由于涉及转动态，很多光谱学的实验数据都被扩大了，温度对分子的结构的影响则为：转动运动随温度升高而变得激烈，不

过从这里我们也可以得知，低温下的分子结构数据要比高温下的更加可靠，从高温下的光谱很难得出准确的分子结构。

分子结构的类型

分子的结构主要有直线型、平面三角形、四面体、八面体、三角锥形、四方锥形以及角形等基本形状类型：

直线型：所有原子都处在一条直线上，键角为 180 度，例如二氧化碳（O=C=O）。

平面三角形：所有的原子处在一个平面上，三个周边原子在中心原子周围且分布的很均匀，键角为 120 度，例如三氟化硼（BF_3）。

四面体：原子处于一个四面体上，其中四个周边原子分布在四面体的四个顶点，中心原子位于四面体中心，理想键角 109 度 28 分，例如甲烷（CH_4）。

八面体：六个周边原子分布在八面体的六个顶点，四面体中心是中心原子，理想键角 90 度，例如六氟化硫（SF_6）。

三角锥形：四面体型的一条键上分布的是孤对电子，而剩下三条键的形状即是三角锥型。因为孤对电子体积较大，所以三角锥形的键角较四面体形的键角要小，键角 107.3 度，例如氨（NH_3）。

四方锥形：与三角锥形的结构相似，八面体型的一条键被孤对电子占据，剩下五条键的形状即是四方锥型，例如五氟化溴（BrF_5）。

角形：这种分子结构的类型与直线型相对，两条键的三个原

子都不在一条直线上,键角104.5度,例如水(H₂O)。

分子结构关系到原子在空间中的位置,它的结构形式与键结的化学键种类有关,包括键长、键角以及相邻三个键之间的二面角。

当然,从温度的角度上看,对分子结构的测定最好是在接近绝对零度的温度下,因为在前面的常识中我们讲过,随着温度的升高,分子转动也增加,这时候的数据就无法做到精确。不过分子的形状还可以通过量子力学和半实验的分子模拟计算得出,固态分子的结构也可通过X射线晶体学测定。我们发现,体积较大的分子通常可以以多个稳定的构象存在,势能面中这些构象之间的能量较高。

化合物的分类

在化学学科中,关于化合物的分类,一直是研究化学物质分类的一个重要内容。关于化合物的分类很多化学家做过多次研究,目前化合物的分类占主流地位的就是按化合物分子的不同类型来分类,可以划分为无机化合物和有机化合物两大类。

当然,有机化合物和无机化合物是两个很大的范畴了,它们还可以进一步细分为各个小类。如在无机化合物中,可以依照分子的组成与结构方式的不同分为氧化物、碱、酸和盐类,而每类化合物还可以进一步分类。比如,在氧化物中,又可以划分为3大类:酸性氧化物、碱性氧化物和两性氧化物;无机酸类化合物又可以划分为含氧酸和无氧酸2类。同样,碱类和盐类都可以再进行进一步分类。

对有机化合物，人们一般根据不同的碳干把它们划分为链状化合物、碳环化合物和杂环化合物 3 大类。同样，它们三类仍然可以进一步划分。如碳环化合物又可进一步划分为脂环类化合物和芳香族化合物 2 种。有机化合物还可以根据其他的标准划分为不同的种类，如有时候将无机化合物又分为脂肪族、脂环族、芳香族和杂环化合物 4 大类；在有机化合物中，人们还习惯把含有相同官能团的化合物划分为一类，这样就可把有机化合物划分为烃、醇、酚、醛、酮、羧酸、醚、胺、卤化物、硝基化合物、磺酸化物等类型。如，羧酸类化合物中都包含有相同的官能团——羧基，这决定着酸性是这一类化合物所具有的共同性质等。

此外，从有机化合物的官能团的分类可知，一定官能团能够表示分子一定的特性，物质性质的不同有可能是不同的官能团所造成的。对官能团的了解有助于我们对物质性质的了解，也正因为此，我们只需知道某种物质含有哪些官能团，就能推测出它所具有的基本性质；相反，也可以由物质的某些性质，判断出其分子内具有什么样的官能团。因此，这种以官能团对有机化合物进行的分类，将会给化学研究工作带来很大的便利，提高化学研究的有效性。

化学试剂的分类

化学试剂通常是用来作为检验各种化学物质的检测标准，因此它是一种十分重要的化学物质，主要的意义在于实际运用中。人们一般把化学试剂划分为无机化学试剂、有机化学试剂和

生化试剂 3 大类。

无机化学试剂根据不同的方法又可以分为不同的类别,对其分类有两种。其一是根据用途分类,在前苏联化学家库兹涅佐夫所写的《化学试剂与制剂手册》中,曾经从应用的角度出发,把无机试剂划分为 4 大类:

(1)用做溶剂的试剂,包括各种酸类、碱类及各种不同的"熔合物质"。

(2)用做分离的试剂,包括沉淀试剂、提取溶剂等。

(3)用于检验的试剂,如氧化剂、还原剂、基准物质以及用于分析中的各种试剂等。

(4)辅助试剂。在科学技术不断发展的情况下,在很多方面受到无机试剂已经越来越广的运用,如近年出现的电子工业试剂、仪器分析试剂、生化试剂等。其二是根据无机试剂的性质来对其进行分类,通常可以把试剂划分为金属、非金属、化合物试剂,又把化合物试剂分为氧化物、酸、碱、盐试剂等。

有机试剂到如今并没有形成统一的分类标准,主要是因为它的种类繁多、结构复杂、用途广泛。常用的分类方法有两种,按用途和反应机构分类。按用途分类,有机试剂可划分为两类:

(1)分析试剂,这种试剂是用于无机离子或化合物分析测定的。

(2)辅助试剂,辅助试剂有的用于溶解和萃取,也包括用于调节溶液 pH 值的缓冲剂,另外还有掩蔽剂、氧化—还原剂、凝聚剂、保护胶体和层析剂等。

另一种分类方法则是按反应机构的不同来分类的,依据有

机试剂与无机离子或化合物的反应种类不同，可以将有机试剂分为以下四类：

（1）可以形成正盐的试剂，如有机酸、酸性化合物和有机碱，都能与无机离子形成电价结合的盐。

（2）中性络合剂，这种试剂在反应过程中能与金属离子或化合物生成络合物，因此它们通常是含氮杂环化合物和有机胺。

（3）形成螯合盐的试剂，如8—羟基喹啉。

（4）其他类型的有机试剂。

生化试剂通常情况下，主要有四类分类方法：

（1）依照生物体组织中所含有的或代谢过程中所产生的物质来对其进行分类。

（2）可以依据生物学研究中的应用和新技术的发展来分类。

（3）作为研究生物体的工具，还可以依照生物体的物质特性来划分。

（4）按照目前生物学中比较活跃领域中的一些新颖技术方法使用的试剂来划分。

化学物质的多维分类法

关于化学物质的分类，一直是化学学科中的一个很重要的课题。随着化学的发展，很多化学家都在不断的进行新的尝试。多年来，我国著名化学家也在对物质的分类作着种种研究，我国北京大学徐光宪教授一直致力于寻找一种新的化学物质分类法，即所谓的分子分类法或"多维分类"法。同时他又在1982年的中日美三国金属有机化学交流会上，提出了分子的四维分类法及有关的七条结构规则。

在思维分类法中，徐光宪教授着重提出的是分子片的概念。所谓的分子片，所代表的就是位于原子和分子之间的一个中间层次的概念。如无机化合物中的硫酸根（SO_4^{2-}）、碳酸根（CO_3^{2-}）等以及有机化合物的官能团，它们都可以算作分子片。每个分子片都包括中心原子和配位体两部分。用这种分子的分类方法来对化学物质分类，就是将数量巨大的各种有机的和无机的分子都看作是由若干分子片所组成的。继而根据四维分类法，可以把所有的分子分成单片分子、双片分子、多片分子和复合分子四大类型，其中多片分子包括链式、环式、多环式和原子簇化合物，复合分子可以当作室链、环、簇相互组合二形成的复合原子。构成这些分子的分子片又可以根据它的价电子数的多少分为25类，另外，对同一类分子片同样还可以进行进一步的分类，它可以根据其中心原子所属的周期不同来进行分类。所以，这样一来就可以用分子片的概念再加上四维分类法与结构规则，把所有的分子进行分类。而且不仅仅是分类，同时还可以通过分子式去推测分子的结构类型，猜想新的原子簇化合物和金属有机化合物，并研究它们的反应性能等。

化学物质的量

物质的量在化学中是一个常用的物理量，它也是国际单位制中的7个物理量之一，通常用它来表示含有一定数目粒子的集合体，通常用符号 n 来表示。物质的量的单位为摩尔，简称摩，符号为 mol。

物质的量是一个物理量的整体名词,它和"长度"、"质量"、"时间"等的概念是相同的。物质的量通常是用物质所含微粒数(N)与阿伏加德罗常数(N_A)的比例来表示,即 $n=N/N_A$,并将微观粒子与宏观可称量物质联系起来。

单位物质的量的物质所具有的质量叫摩尔质量,即 1mol,该物质所具有的质量与摩尔质量的数值相同,用公式表示为:$M = N_A m$(微粒质量),即 1mol,粒子的质量以克为单位时在数值上都与该粒子的相对原子质量(Ar)或相对分子质量(Mr)等同。

无机化合物的分类

无机化合物简称为无机物,它包括除碳氢化合物及其衍生物以外的一切元素及其化合物,常见的有水、食盐、硫酸、一氧化碳、二氧化碳、硝酸盐、碳酸盐、氧化物等。不过若要将无机化合物进行分类,几乎所有的无机物可以归入氧化物、酸、碱和盐四大类。

1.氧化物

氧化物区别于其他化合物的主要特征是,由两种元素所构成的化合物中有一种元素是氧元素,并且和氧气反应生成的物质也叫做氧化物。另外,氧化物又可以根据化学性质的不同分为酸性氧化物和碱性氧化物两大类。

非金属氧化物基本上都属于酸性氧化物。酸性氧化物是指能与水反应生成酸或与碱反应生成盐的氧化物。而碱性氧化物是指能跟酸起反应生成盐和水的氧化物,并且生成的物质中没有其他物质生成,只能有盐和水。碱性氧化物一般又可以分为活

一口气读懂化学常识

53

泼金属氧化物和其他金属的低价氧化物。

2.酸

酸与碱相对，是一种在水溶液中能电离产生氢离子的化合物的总称。如经常所见的酸性物质盐酸、硫酸、硝酸在水溶液中电离时，产生的阴离子（酸根）虽各不相同，但产生的阳离子（H^+）却是相同的,这就构成了它们性质上的一致,最明显的就是都具有酸味，另外都能溶解许多金属、能使蓝色石蕊试纸变红等。

3.碱

碱的味道是苦的，其溶液能使特定指示剂变色的物质,pH值大于 7。它可以与酸反应生成盐和水,在水溶液中电离出的阴离子一律是氢氧根离子。另外,碱还有一个广义的定义,是指能够提供电子或者接受质子的物质。

4.盐

盐是酸与碱中和的产物，构成盐的主要有金属离子和酸根离子。盐在化学中通常又分为正盐、酸式盐和碱式盐三类。正盐是由金属离子(包括铵根离子)和非金属离子构成;酸式盐是由金属离子(包括铵根离子)、氢离子和非金属离子构成;二碱式盐是由金属离子(包括铵根离子)、氢氧根离子和非金属离子构成。

常见无机物的性质

常见的无机物主要有以下几种:

1.二氧化碳

二氧化碳作为一种气体,它的化学性质主要有:

（1）它是一种无色无臭的气体，但是有酸味，能够溶于水(体积比1:1)，部分生成碳酸。

（2）二氧化碳通常不燃烧也不支持燃烧，在常温下二氧化碳的密度都会比空气略大一点，常被人们用来做灭火器，原因就在于它在受热膨胀后会聚集于上方。

（3）二氧化碳还经常被用在温室里做肥料，它还是绿色植物光合作用必不可少的原料。

此外，固态二氧化碳又叫干冰，升华时可吸收大量的热，所以有时也会被用做制冷剂，如人工降雨，也常在舞美中用于制造烟雾。

2.硫酸

纯硫酸是一种无色无味的油状液体，溶解时产生大量的热，而且是一种强酸，沸点高并且很难挥发。硫酸易溶于水。它的化学性质包括吸水性、脱水性、强氧化性、难挥发性、酸性和稳定性。

3.氢氧化钠

纯的无水氢氧化钠为结晶状固体，白色半透明状。氢氧化钠极易溶于水，而且溶解度跟温度有很大的关系，会随温度的升高逐渐增大，溶解时能产生大量的热。氢氧化钠的水溶液略有涩味和滑腻感，溶液呈强碱性，具备碱的所有通性。氢氧化钠还易溶于乙醇、甘油，但不溶于乙醚、丙酮、液氨。对纤维、皮肤、玻璃、陶瓷等有较大腐蚀作用，溶解或浓溶液稀释时会产生热量。氢氧化钠还可以使油脂发生皂化反应，生成对应的有机酸的钠盐和醇，这是去除衣物上的油污的原理。

4.氯化铜

氯化铜的化学性质包括：为蓝绿色斜方晶系晶体，有毒；在潮湿空气中容易潮解，在干燥空气中容易风化；易溶解于水，溶于醇和氨水、丙酮。其水溶液呈弱酸性；因为氯化铜对皮肤有较大刺激作用，其粉尘对眼睛有很大的刺激作用，并很容易引起结膜溃疡。所以，有关生产人员要穿工作服、戴面罩、手套等劳保用品，生产设备密闭，车间通风状况良好。

无机化合物命名的规律

无机化合物的命名，通常力求简明而准确地表示出被命名物质的组成和结构。这就需要用相关元素、根或基的名称来表述该物质中的各个组分，用特定的"化学介词"来表达该物质中各组分的连接状况。无机化合物的命名主要以下几个规律：

（1）化学介词：一半来说化合物的系统名称是由其基本构成部分名称连接而成的，而化学介词在其中主要起着连接的作用，从语法上讲就是连缀基本构成部分名称和形成化合物名称的连缀词，举例如下：

化 表示比较简单的化合，如氯原子(Cl)与钾原子(K)化合而成的 KCl 就叫氯化钾。

合 通常用合来连接的都是分子与分子或分子与离子之间，如 $CaCl_2 \cdot H_2O$ 叫水合氯化钙，H_3O 叫水合氢离子等。

代 使用代来连缀的通常有两种情况，第一种是表示代替了母体化合物中的氢原子，如 NH_2Cl 叫氯代氨；$NHCl_2$ 叫二氯代氨；而另一种则是表示硫(或硒、碲)取代氧，如 HSeCN 叫硒代氰

酸。

聚 通常当2个以上同种的分子互相聚合在一起时就会用到聚,如(HF)$_2$ 叫二聚氟化氢。

（2）基和根：基和根表示在化合物中存在的原子集团,其中以共价键与其他组分结合的叫做基,以电价键与其他组分结合的叫做根。基和根通常都是以其母体化合物来命名的,常被称为某基或某根。基和根也可以用连接其所包含的元素名称来命名,放在前面的是价已满的元素名,而未满的则放在后面。

（3）离子：元素的离子,通常根据元素名称及其化合价来命名。例如：氯离子(Cl^-)、钠离子(Na^+)。而带电的原子团,如前面所述称为某根;若需表明其为离子时,则称为某离子或某根离子。例如：HSO_4^- 叫做一价硫酸根离子或硫酸氢根离子,SiF_6^{2-} 叫做氟硅酸根离子。

（4）常用化学词冠：也就是常用化学词冠,它经常起的是修饰作用,用来表达此物质的某一特点。

有机化合物

有机化合物一般指的是与机体有关的化合物,不过也有与机体有关的化合物属于无机化合物的,如水。有机化合物通常指的是含碳元素的化合物,也包括一些简单的含碳化合物,如一氧化碳、二氧化碳、碳酸盐、金属碳化物、氰化物等。

有机化合物除了含碳元素外,氢元素是几乎所有的有机化合物分子中都会含有的,而且有些有机化合物还含氧、氮、卤素、硫和磷等元素。目前知道的有机化合物已经有近600万种。在以

前技术还不是很发达的时候，有机化合物主要是指由动植物有机体内取得的物质。但是自从 1828 年人工首次合成尿素（NH_2CONH_2）后，事实上有机物和无机物之间的界限并没有那么明显，但由于历史和习惯方面的原因，"有机"这个名词仍沿用至今。

有机化合物对于人类来说意义非常重大。首先，地球上几乎所有的生命物体，主要都是由有机物组成的，比如脂肪、氨基酸、蛋白质、糖、血红素、叶绿素、纤维素、酶、激素等。而且有机化合物的转变还会对生物体内的新陈代谢和生物的遗传原理有一定的影响。此外，很多有机化合物与人类生活有密切的联系，比如石油、天然气、棉花、染料、化纤、天然和合成药物等。

有机物的特点

有机物主要有以下几个方面的特点：

（1）大多数有机物主要含有碳、氢两种元素，此外也常常含有氧、氮、硫、卤素、磷等元素。目前，有机物主要来源于植物界，但大多数的有机物都是以石油、天然气、煤等作为原料，通过人工合成的方法制造的。而且作为有机物的主要构成因素，碳原子的结合能力很强，它们之间可以互相能够结合成碳链或碳环。此外，有机化合物中同分异构现象特别普遍，同时这也是有机化合物普遍的原因之一。

（2）大部分有机物都难溶于水，但是易溶于有机溶剂，熔点比较低。大多数有机物受热容易分解、容易燃烧。此外有机物的反应往往比较缓慢，并常伴有连锁反应发生。

一口气读懂化学常识

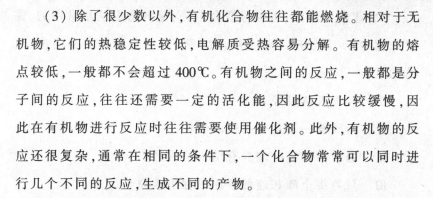

（3）除了很少数以外，有机化合物往往都能燃烧。相对于无机物，它们的热稳定性较低，电解质受热容易分解。有机物的熔点较低，一般都不会超过400℃。有机物之间的反应，一般都是分子间的反应，往往还需要一定的活化能，因此反应比较缓慢，因此在有机物进行反应时往往需要使用催化剂。此外，有机物的反应还很复杂，通常在相同的条件下，一个化合物常常可以同时进行几个不同的反应，生成不同的产物。

（4）有机物的种类非常繁多，不同的分类依据可以有很多分类方法，一般将它分为烃和烃的衍生物两大类。有机物有时还会依据有机物分子中所含官能团的不同，被分为烷、烯、炔、芳香烃和醇、醛、羧酸、酯等等。另外还可以依据有机物分子的碳架结构的不同，分成开链化合物、碳环化合物和杂环化合物3类。

在这个地球上，几乎所有的生命体都含有大量的有机物，因此有机物对人类的生命、生活、生产都有非常重要的意义。

有机化合物的命名

在地球有机化合物的种类很多，因此如何命名也是一个大问题。目前有机物的命名方法主要包括俗名、普通命名、系统命名三种。

（1）俗名及缩写：俗名一般都是有些化合物按照它的来源而命的名，我们要掌握一些常用俗名所代表的化合物的结构式，例如：木醇是甲醇的俗称，酒精是乙醇，甘醇是指乙二醇等。此外，还有一些化合物往往会用它的缩写及商品名称来命名，比如：RNA指的是核糖核酸、DNA是脱氧核糖核酸的缩写等。

（2）普通命名法：也称习惯命名法，这种命名法是常用的，需要掌握"正、异、新"、"伯、仲、叔、季"等字头的含义及用法，具体如下：

正　代表直链烷烃。

异　指碳链一端具有结构的烷烃。

新　通常指碳链一端具有结构的烷烃。

伯　只与 1 个碳相连的碳原子称伯碳原子。

仲　与 2 个碳相连的碳原子称仲碳原子。

叔　与 3 个碳相连的碳原子称叔碳原子。

季　与 4 个碳相连的碳原子称季碳原子。

如果还是不太清楚，我们可以通过一个例子来了解：如 C_1 和 C_5 都是伯碳原子，C_3 是仲碳原子，C_4 是叔碳原子，C_2 是季碳原子。

另外还要知道常见烃基的结构，如烯丙基、丙烯基、正丙基、异丙基、异丁基、叔丁基、苄基等。

（3）系统命名法：系统命名法是有机化合物命名的要点，要正确的理解此种命名法，就必须熟练掌握各类化合物的命名规则。在有机物的系统命名中，烃类的命名是基础，不过，有些有机物的命名很难掌握，如几何异构体、光学异构体和多官能团化合物的命名，因此应引起足够的重视。在学习这些命名的时候，千万不要忘记命名中所遵循的"次序规则"。

常见有机化合物的命名

不同的物质的命名也不尽相同，那么怎么来为化学物质命

名呢,以下介绍几种常见有机化合物的命名方法。

1.烷烃的命名

烷烃的命名是所有开链烃及其衍生物命名的前提,它的命名主要经过以下几个步骤:

(1)选主链。主链应该选择最长的碳链,当遇到几条相同的碳链的情况,则应选择拥有较多取代基的碳链为主链。

(2)编号。通常给主链编号时,都从离取代基最近的一端开始。

(3)书写名称。一般用阿拉伯数字来表示取代基的位次,在书写中要注意的是,首先要写出取代基的位次及名称,然后再写烷烃的名称;其次是如果有多个取代基时,要把容易的放在前面,复杂的放在后面;另外,通常会用半字线将阿拉伯数字与汉字隔开。

2.几何异构体的命名

对烯烃几何异构体的命名通常包括两种方法,即顺、反和Z、E,这两种方法都用于简单的化合物的表示,而Z、E方法则用于比较复杂的化合物。

用顺反方法表示简单的化合物时,相同的原子或基团在双键碳原子一侧的为顺式,在两侧的为反式。

如果化合物比较复杂,如双键碳原子上所连四个基团都不一样时,这时候就不可再用顺反表示,只可用Z、E表示。

不过在命名几何异构体的时候还是要注意,虽然一些化合物两种方法都可以用,但是这两种方法并不是想对应的,顺式的不一定是Z型,反式的不一定是E型。

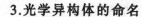

3.光学异构体的命名

光学异构体的结构通常有 2 种表示方法：D、L 和 R、S。因为用 D、L 标记法有一定的局限性，所以 R、S 标记法是使用比较多的，它是依据手性碳原子所连 4 个不同原子或基团在空间的排列次序进行标记的。不过光学异构体通常用投影式表示，所以我们理解这种命名还要明白费歇尔投影式的投影规则及构型的判断方法。

4.双官能团和多官能团化合物的命名

确定母体是双官能团和多官能团化合物命名的主要内容。如何确定母体，常见有以下几种情况：

（1）当卤素和硝基与其他官能团同时存在时，卤素和硝基应该作为取代基，其他官能团为母体。

（2）当双键与羟基、羰基、羧基同时存在时，要以醇、醛、酮、羧酸为母体，而并不是烯烃。

（3）当羟基与羰基同时存在时，以醛、酮为母体。

（4）当羰基与羧基同时存在时，以羧酸为母体。

（5）当双键与三键同时存在时，应选择最长的碳链为主链，而其还要既包含双键又含有三键，给双键或三键以尽可能低的数字编号，如果双键与三键的位次数一样，则应给双键以最低编号。

有机化合物的分离、提纯和鉴别

关于有机物的分离、提纯和鉴别经常被运用在药品的生产、研究及检验等工作中。有机化合物的鉴别、分离和提纯其实是三

个既有联系但又各不相同的概念。

其中分离和提纯的作用基本是一致的,它们的目的都是由混合物得到纯净物,只是两者的要求不同,因此在处理方法上也有所不同。

经常所说的有机物分离,指的是将混合物中的各个成分一一分开,而且在分离的过程中,经常将混合物中的某一成分在化学反应的情况下会转变成新的化合物,但是在分离后又都重新还原为原来的化合物,这也是它与提纯最主要的区别。提纯一般又可以分为 2 种情况:①想办法将杂质转化为所需的化合物;②把不需要的杂质通过特定的化学反应转变为另外一种化合物,并将其分离出去,而分离后的化合物也不必再还原。

鉴别常用于判断某一物质,通常是依据化合物的不同性质来判断它含有什么官能团,是什么化合物,如果是鉴别一组化合物,就是分别确定各是什么化合物即可。在做鉴别工作时要注意,鉴别并不是万能的,不是化合物的所有化学性质都可以用于鉴别,鉴别必须具备下面的条件:

(1)在化学反应中颜色会发生变化;

(2)在化学反应过程中伴随着明显的温度变化或者是放热、吸热现象;

(3)在反应的生成物中会有气体生成;

(4)反应产物有沉淀产生或反应过程中沉淀溶解、产物分层等。

氧 气

氧气是一种化学元素,用符号"O"来表示。它的原子序数为

在元素周期表中,氧是氧族元素的一员,它也是一个高反应性的第2周期非金属元素。氧气很容易与其他元素形成化合物,通常形成的都是氧化物。在标准状况下,两个氧原子相互结合形成一种无色无嗅无味的双原子气体,即氧气,它的化学式用 O_2 来表示。如果按质量计算,氧在宇宙中的含量仅次于氢和氦,而且在地壳中,氧则是含量最丰富的元素。氧气不仅占了水质量的88%,也占了空气体积的20.9%。

一般含氧的化合物是构成有机体的主要成分,如蛋白质、碳水化合物和脂肪,而且构成动物壳、牙齿及骨骼的主要无机化合物也含有氧。氧气是由蓝藻、藻类和植物经过光合作用所产生的,根据常识我们也知道,几乎所有复杂生物的细胞呼吸作用都需要用到氧气。不过仍然有一些属于厌氧性生物,对它们来说,氧气是有毒的。这类生物曾经在早期的地球上是主要生物,但是直到2.5亿年前,O_2 开始在大气层中逐渐积累后才逐渐减少。氧气的另一个同素异形体是臭氧,在高海拔形成的臭氧层对隔离来自太阳的紫外线辐射有很大的作用。不过抽样也有一定的危害,接近地表的臭氧则是一种污染,这些臭氧主要存在于光化学烟雾中。

氧气是由约瑟夫·普利斯特里和卡尔·威廉·舍勒独立发现的,虽然卡尔比约瑟夫早发现1年,不过很多人仍然认为是约瑟夫首先发现的,其实只是因为约瑟夫首先发表论文而已,最先发现它的还是卡尔。氧气的命名是由拉瓦锡定名于1777年,他利用氧气所进行的试验,在燃烧和腐蚀的方面打败了当时流行的燃素说。

对氧气的制造也有多种方法，主要是在工业上，通过分馏液态空气来制备氧气，同时使用分子筛除去二氧化碳和氮气，不过也可以通过电解水等其他方式制备氧气。氧气的意义非同小可，除了供世界上的生物呼吸外，在国民经济的生产以及生活中也有很重要的作用。氧气在钢铁的冶炼、塑料和纺织品的制造中都起着很大的作用，而且它还可以作为火箭推进剂与进行氧气疗法，在飞机、潜艇、太空船和潜水中用来维持生命。

五水合硫代硫酸钠

五水合硫代硫酸钠($Na_2S_2O_3 \cdot 5H_2O$)，俗称海波和大苏打。五水合硫代硫酸钠为无色单斜晶体，在不同的温度中有不同的化学性质，如 48.2 ℃溶解在自身结晶水中，在 33 ℃以上的干燥空气中易风化，溶于水吸热等。海波的应用很广，主要有：

(1)海波被人熟知的用途是作为照相中的定影剂，因为它的水溶液能跟胶片中未感光的卤化色彩作用，生成水溶性络合物（配合物）$Na_3[Ag(S_2O_3)_2]$。以溴化银为例，反应方式如下：

$$AgBr+2Na_2S_2O_3 \Longrightarrow Na_3[Ag(S_2O_3)_2]+NaBr$$

(2)海波在医药上还可以用做氰化物（如氰化钠 NaCN）解毒剂。实验表明，向狗体内注射海波溶液后，可使氰化物对狗的半致死量提高 3 倍。解毒是由于通过下述反应，使氰化物转变成基本上无毒的硫氰酸盐，反应的离子方程式如下：$CN^- + S_2O_3^{2-} \Longrightarrow SCN^- + SO_3^{2-}$。口服氰化物中毒病例可用 10%硫代硫酸钠溶液 50~100 毫升洗胃，氰离子 CN^- 转化为硫氰酸根离子 SCN^-。

(3)海波在纺织及造纸工业上也有很重要的作用，经常被用

一口气读懂化学常识

做为脱氯剂。人们经常用氯气(或含氯漂白剂)漂白织物及纸浆，漂白后需将残余的氯除去，可以用海波的水溶液达到此目的，反应的方程式如下：

$$4Cl_2 + S_2O_3^{2-} + 5H_2O == 8Cl^- + 2SO_4^{2-} + 10H^+$$

然后，再用清水洗去生成的酸。

在分析化学中，硫代硫酸钠用来配制滴定碘的标准溶液，二者之间的反应快速而完全。

$$2S_2O_3^{2-} + I_2 == S_4O_6^{2-}(连四硫酸根) + 2I^-$$

海波的上述应用，是利用了硫代硫酸根离子的中等强度的还原性或较强的络合(配位)能力。

此外，海波还曾经被用来治疗某些皮肤病等。

硫酸的化学性质

硫酸作为一种很重要的强酸，它的化学性质主要有以下几个方面：

1.脱水性

(1)就硫酸而言，脱水性是浓硫酸的性质，而非稀硫酸的性质，即浓硫酸有脱水性且脱水性很强。

(2)脱水性是浓硫酸的化学特性，硫酸的化学变化的过程就是物质被浓硫酸脱水的过程，在反应时，浓硫酸按水分子中氢氧原子数的比(2:1)夺取被脱水物中的氢原子和氧原子。

(3)能被浓硫酸脱水的物质一般为含氢、氧元素的有机物，其中蔗糖、木屑、纸屑和棉花等物质中的有机物，被脱水后生成了黑色的炭(炭化)。如：

$$C_{12}H_{22}O_{11} =\!=\!= 12C + 11H_2O$$

2.强氧化性

（1）跟金属的反应。常温下，浓硫酸能使铁、铝等金属钝化。加热时，浓硫酸可以与除金、铂之外的几乎所有的金属发生反应，生成高价金属硫酸盐，本身一般被还原成 SO_2。反应式如下：

$$Cu + 2H_2SO_4(浓) \overset{加热}{=\!=\!=} CuSO_4 + SO_2\uparrow + 2H_2O$$

$$2Fe + 6H_2SO_4(浓) =\!=\!= Fe_2(SO_4)_3 + 3SO_2\uparrow + 6H_2O$$

在上述的反应中，硫酸所表现出来的化学性质为强氧化性和酸性。

（2）跟非金属之间的反应。热的浓硫酸可将碳、硫、磷等非金属单质氧化到其高价态的氧化物或含氧酸，本身被还原为 SO_2，在这类反应中，浓硫酸只表现出氧化性，反应式如下：

$$C + 2H_2SO_4(浓) =\!=\!= CO_2\uparrow + 2SO_2\uparrow + 2H_2O$$

$$S + 2H_2SO_4(浓) =\!=\!= 3SO_2\uparrow + 2H_2O$$

$$2P + 5H_2SO_4(浓) =\!=\!= 2H_3PO_4 + 5SO_2\uparrow + 2H_2O$$

（3）跟其他还原性物质之间的反应。由于浓硫酸的强氧化性，因此在实验室制取 H_2S、HBr、HI 等还原性气体不能选用浓硫酸。反应式如下：

$$H_2S + H_2SO_4(浓) =\!=\!= S\downarrow + SO_2\uparrow + 2H_2O$$

$$2HBr + H_2SO_4(浓) =\!=\!= Br_2\uparrow + SO_2\uparrow + 2H_2O$$

$$2HI + H_2SO_4(浓) =\!=\!= I_2\uparrow + SO_2\uparrow + 2H_2O$$

3. 吸水性

就硫酸而言，吸水性有很多用处，比如可以作为干燥剂来使用，很多的气体都可以用浓硫酸来干燥。吸水性与脱水性并不一

样,应该说有很大的不同:脱水性一般反应前没有水,而是 H、O 元素以个数比 2:1 的形式形成水,从有机物中出来。而吸水性则是反应前就有水,只是在此过程中硫酸做了一个干燥剂的作用。如:

$$CuSO_4 \cdot 5H_2O \xrightarrow{H_2SO_4} CuSO_4 + 5H_2O$$

在这个反应中,硫酸所体现出来的就是吸水性,而不是脱水性,因为反应前有水。

另外在实验室制取乙烯的过程中,也体现了浓硫酸的吸水性,促使反应向正反应方向进行。在一些硫酸作催化剂的反应中,尤其是浓硫酸,一般体现的都是吸水性。

此外,将一瓶浓硫酸敞口放置在空气中,其质量将增加,密度将减小,浓度降低,体积变大,这也是因为浓硫酸具有吸水性。

(1)就硫酸而言,吸水性是浓硫酸的性质,而不是稀硫酸的性质。

(2)浓硫酸的吸水作用,指的是浓硫酸分子跟水分子强烈结合,生成一系列稳定的水合物,并放出大量的热:$H_2SO_4 + nH_2O = H_2SO_4 \cdot nH_2O$。因为浓硫酸吸水的过程是物理变化的过程,吸水性是浓硫酸的物理性质。

(3)浓硫酸能吸收的不仅是一般的游离态水(如空气中的水),而且还能吸收某些结晶水合物(如 $CuSO_4 \cdot 5H_2O$、$Na_2CO_3 \cdot 10H_2O$)中的水。

4.难挥发性

可以用来制氯化氢、硝酸等,如用固体氯化钠与浓硫酸反应制取氯化氢气体:

$$NaCl（固）+H_2SO_4（浓）\xrightarrow{\text{常温}}NaHSO_4+HCl\uparrow$$

$$2NaCl（固）+H_2SO_4（浓）\xrightarrow{\text{加热}}Na_2SO_4+2HCl\uparrow$$

$$Na_2SO_3+H_2SO_4=\!=\!=Na_2SO_4+H_2O+SO_2\uparrow$$

此外，利用浓盐酸与浓硫酸可以制氯化氢气。

5.酸性

利用硫酸的这一性质可以制化肥，如氮肥、磷肥等。反应式如下：

$$2NH_3+H_2SO_4=\!=\!=(NH_4)_2SO_4$$

$$Ca_3(PO_3)_2+2H_2SO_4=\!=\!=2CaSO_4+Ca(H_2PO_4)_2$$

6. 稳定性

硫酸的稳定性主要体现在浓硫酸与亚硫酸盐的反应中：

$$Na_2SO_3+H_2SO_4=\!=\!=Na_2SO_4+H_2O+SO_2\uparrow$$

硝 酸

硝酸也是一种重要的强酸，它是三大强酸（硫酸、盐酸、硝酸）之一，强氧化性和腐蚀性是它最主要的特点。硝酸的腐蚀性很强，除了金、铂、钛、铌、钽、钌、铑、锇、铱以外，其他金属几乎都能被它溶解。硝酸按不同的浓度可以有不同的分类，通常情况下人们所说的浓硝酸是指69%以上的硝酸溶液，而把98%以上的硝酸溶液称为发烟硝酸。

硝酸作为氮的最高价(+5)水化物，它的酸性非常强，一般情况下认为硝酸的水溶液是完全电离的，而且硝酸可以与醇发生酯化反应，如硝化甘油的制备就是利用这一原理而制成的。不过硝酸只有在与浓硫酸混合时，才能产生大量 NO_2^+，这是硝化反应

一口气读懂化学常识

能进行的本质。

硝酸的水溶液的强氧化性及腐蚀性不管浓稀都会存在，浓度越高，其氧化性能越强。由于硝酸在一定的光照条件下会分解成 H_2O、NO_2 和 O_2，因此硝酸的一定要保存在阴凉处，并且一定要盛放在棕色瓶中。硝酸能溶解许多种金属（可以溶解银），生成盐、水、氮氧化物。

在历史上与硝酸有密切关系的就是炸药了。黑火药是最早出现的炸药，它的主要成分就是硝酸钠（或硝酸钾）。后来，又经过改进，用棉花与浓硝酸和浓硫酸发生反应，生成的硝酸纤维素，这是比黑火药威力更强的炸药。

盐酸的用途

盐酸其实是一种俗称，它的学名叫氢氯酸，是氯化氢（化学式为 HCl）的水溶液，属于一元酸。盐酸在化学性质中具有强烈的酸性，是一种强酸，而且浓盐酸的挥发性很强，因此我们经常在盛有浓盐酸的容器打开时的上方看见酸雾，那就是盐酸的小液滴，是氯化氢挥发后与空气中的水蒸气结合所产生的。在化学物品中，盐酸很常见，在一般情况下，浓盐酸中氯化氢的质量分数在 37% 左右。其实，胃酸的主要成分也是盐酸。

盐酸是一种很重要的无机化工原料，在各个行业如染料、医药、食品、印染、皮革、冶金等都得到广泛的应用。此外，盐酸在制造氯化锌等氯化物中也起着很重要的作用，它能从矿石中提取镭、钒、钨、锰等金属，制成氯化物。

目前，随着有机合成工业的发展，盐酸在国民经济生产中发

一口气读懂化学常识

挥了很大的作用,如用于水解淀粉制葡萄糖、制造盐酸奎宁等多种有机药剂的盐酸盐等。盐酸的用途非常广泛,具体介绍如下:

1.用于稀有金属的湿法冶金

如钨的冶炼,先将白钨矿与碳酸钠混合,在空气中焙烧(800~900℃)下生成钨酸钠。再将钨酸钠浸在90℃的水中让它溶解,而盐酸的作用就是在这个时候使它酸化,将沉淀下来的钨酸滤出后,再经灼热,生成氧化钨。最后,将氧化钨在氢气流中灼热,就得到了金属钨。

2.用于有机合成

举个例子来说,氯化氢能在180~200℃的温度时,在汞盐的催化作用下与乙炔发生加成反应,生成氯乙烯,再加上引发剂的作用,聚合而成聚氯乙烯。

3.用于漂染工业

盐酸经常用于棉布漂白后的酸洗以及与棉布丝光处理后残留的碱进行中和。另外在印染的过程中,当有些染料无法溶于水时也需要用盐酸来对其进行处理,使其成为可溶性的盐酸盐,才能应用。

4.用于金属加工

在金属的加工中,盐酸的作用就体现在去绣中,如钢铁制件的镀前处理,就需要先用烧碱溶液洗涤以除去油污,再用盐酸浸泡;而在金属焊接之前,也需要在焊口涂上一点盐酸等等,主要作用就在于利用盐酸能金属氧化物这一性质溶解,从而达到去绣的目的。

5.用于食品工业

盐酸在食品中的作用与制造味精的原理差不多，如在制化酱油的时候，在浸泡蒸煮过的豆饼等原料的溶液中经常会含有一定量的盐酸。之所以如此是因为盐酸具有催化作用，能促使其中复杂的蛋白质进行水解，在经过一定的时间后，就生成具有鲜味的氨基酸，再用苛性钠中和，即得氨基酸钠。

6.用于无机药品及有机药物的生产

因为盐酸是一种强酸，它能与某些金属、金属氧化物、金属氢氧化物以及大多数金属盐类都能发生反应，生成盐酸盐。因此，盐酸在很多无机药品的生产上也有很重要的作用。此外，在医药上的好多有机药物，例如奴佛卡因、盐酸硫胺（维生素 B_1 的制剂）等，也是用盐酸制成的。

经过以上的列举，我们发现盐酸的用途真的很广泛。以上列举的只是在工业生产上，在实际生活中，盐酸的用途也很多，在化学实验和科学研究上，对盐酸的运用自然就更多。

常用化学仪器篇

蒸发皿

蒸发皿是用来蒸发浓缩溶液或灼烧固体的器皿,它整体看起来口大底浅,通常从形状上可以分为 2 种,即圆底和平底带柄。最常用的蒸发皿是由瓷制的,当然也有其他材料如玻璃、石英、铂等制成,不过比较少。蒸发皿因为质料的不同,它的耐腐蚀性能不同,因此在使用时应根据溶液和固体的性质做出适当选用。

蒸发皿可以分无柄蒸发皿和有柄蒸发皿两种,规格都是用直径表示,有 60~150 毫米等多种。

当从溶液中得到固体时,就需要以加热的方法除去溶剂,此时就要用到蒸发皿。由于溶剂蒸发的速率与它所形成的结晶颗粒有很大的关系,蒸发的愈快,它的结晶颗粒就愈小。所以在根据所需要的蒸发速率的快慢不同,蒸发皿也有不同的使用方法。其使用方法主要有 3 种:直接将蒸发皿放在火焰上加热的快速蒸发、用水浴加热的较和缓的蒸发或是令其在室温的状态下慢慢地蒸发。

一般在实验室中要使固体的纯度更高,都会采用再结晶的方法来增加固体的纯度。再结晶的方法通常为选取适当的溶剂,使混合物中的杂质在此溶剂中具有难溶或不溶的特性,而欲纯化的成分则在此溶剂中有相当好的溶解度即可。首先将想要纯化的固体用最少量的热溶剂溶解,这时如果有不能溶解的杂质,那么就应该立即将溶液在此温热的状况下进行过滤,这样就可以将不溶的固体杂质在过滤的过程中被留在滤纸上,而剩下的滤液中主成分的纯度即可增加,再将滤液倒入蒸发皿中令其结晶,得到的晶

体即为纯度增高的物质。

在使用蒸发皿时具体要注意以下几个事项：

（1）在对溶液进行浓缩或蒸发至干时，应将蒸发皿放置在三脚架上或铁架台的铁圈上，可以用酒精灯直接加热。

（2）在对溶液进行浓缩时，在蒸发皿中含有的溶液的量最多不要超过容积的2/3，同时还应该用玻璃棒不停地进行搅拌。

（3）当把溶液蒸发至干的时候就会看到蒸发皿中有大量溶质析出，这时候在用玻璃棒不停地搅拌的同时还应该将酒精灯撤走，用余热使溶液蒸发至干，这样可以防止因传热不好而致使蒸发皿发生迸溅。

（4）要注意有一些强碱溶液是不适宜在蒸发皿中浓缩的，如氢氧化钠等具有很强的腐蚀性，会造成蒸发皿内壁的釉面受到严重的腐蚀。

（5）取放蒸发皿都应该用坩锅钳夹住以后再取放。

表面皿

表面皿的形状看起来跟蒸发皿很相似，它是玻璃制的，圆形状，中间稍凹。

表面皿在化学实验中的用途很多，经常被用来促进液体加快蒸发的工作，在这一工作上它是通过让液体的表面积加大，从而加快蒸发的速度。与蒸发皿不同的是，表面皿是不能加热的。

除此之外，表面皿还有其他的作用，主要有3个：

（1）它还可以用来做盖子，盖在蒸发皿或烧杯上，可以避免灰尘落入蒸发皿或烧杯。

（2）表面皿也可以用做容器，用来暂时呈放固体或液体试剂，方便取用。

（3）它还可以做承载器，用来承载一些具有腐蚀性的东西如 pH 试纸，使滴在试纸上的酸液或碱液不腐蚀实验台。

烧　杯

烧杯在实验中的主要用途是盛装反应物，因为它的口径上下相同，取用液体十分方便，因此在做简单化学反应时它是最常用的反应容器。如果在烧杯的外部刻上刻度，能根据这个刻度估计其内的溶液体积。由于化学实验中需要装置的物质太多，所以一般都会在烧杯的外壁上留有一小区块呈白色或是毛边化的区域，然后在这个区域范围内用铅笔写字标明所盛物的名称。不过有的烧杯上没有，我们可以将所盛物的名称写在标签纸上，再将标签纸粘贴在烧杯外壁上作为标识之用。这里要注意的是，如果需要搅拌烧杯里盛的反应物时，一般以玻璃棒搅拌。

另外，如果需要将烧杯里的溶液转移到其他容器内时，应该将杯口朝向有突出缺口的一侧倾斜，这样就可以比较顺利地将溶液倒出。而且需要避免溶液沿着杯壁外侧流下时，可用一支玻璃棒抵着杯口，那么附在杯口的溶液即可顺畅地沿玻璃棒流下。

烧杯的用途归纳起来主要有以下 3 个方面：

(1)作为物质的反应器、确定燃烧产物。

(2)用于溶解、结晶某物质。

(3)用来盛取、蒸发浓缩或加热溶液。

在使用时要注意以下几个事项：

(1)注入其中的液体体积不应超过其容积的 2/3。

(2)加热时通常要使用石棉网。

(3)在加热之前要将烧杯外部擦干。

(4)烧杯不适宜盛装大量反应物,因为烧杯口比较大,50毫升的酸、碱等反应物混合在一起,容易溅出,这种情况使用烧瓶比较好。

托盘天平

托盘天平在实验时经常需要用到,不过它的精确度并不高,它由托盘、横梁、平衡螺母、刻度尺、指针、刀口、底座、分度标尺、游码以及砝码等组成,精确度通常为 0.1 或 0.2 克。

托盘天平是一种衡器,它是这样使用的:由支点(轴)在梁的中心支撑着天平梁而形成两个臂,在这两个臂上挂两个盘子,一边一个,其中一个盘里放着已知质量的物体即砝码,通常是右盘,而另一个盘子里放待称质量的物体,通常是左盘,游码则放在刻度尺上滑动。固定在梁上的指针在不来回摆动且指向正中刻度时或来回摆动幅度较小且相等时就可以确认所称物质的质量,即砝码重量与游码位置示数之和。

在使用托盘天平时应注意:

(1)天平必须要放置在水平的地方才会精准。

(2)事先调节好平衡螺母,使天平左右平衡。

(3)一般都是右放砝码,左放物体。

(4)在称重时砝码和游码都不可以用手拿,砝码要用镊子夹取,游码也不可以用手移动。

砝 码

砝码是放在天平上作为质量标准的物体，经常为放在天平右边的金属块或金属片，大小不一，各自代表着一定的重量，可以用于称量较精准的质量。

砝码的本质就是具有给定质量和规定形状的实物量具，它经常在供检定衡器和在衡器上进行衡量时使用。当然我们都知道砝码的使用必须与天平或秤相结合，才能用于测定物体的质量，所以它又只能算一种从属的实物量具。

砝码在中国很早的夏代就已经出现，不过在当时被称为"权"。此后的 4000 多年间，不同朝代有不同形状和材质的"权"作为衡量的量具。

砝码发展到现在，已经成为现代质量计量中质量量值传递的标准量具，目前砝码在世界范围内都是一种很重要的量具，而且各国按照不同的需求对砝码进行分类，将砝码分为国家千克基准、国家千克副基准、千克工作基准，以及由千克的倍量和分量构成的工作基准组和各等工作标准砝码。其中的国家千克基准在每个国家都只有一个，中国的国家千克基准是 1965 年由国际计量局检定、编号为 60 的铂铱合金千克基准砝码。

在砝码的各种类别中，国家千克基准与国家作证基准、国家千克副基准、千克工作基准、标准砝码共同构成一个质量量值传递系统。而且为衡量各种不同质量的物体，千克工作基准还配有一套由其倍量和分量组成的、质量由大到小、个数最少而又能组成任何量值的工作基准组。工作基准组及标准砝码通常分为千克

组、克组和毫克组 3 个层次，其中千克组指的是 1~20 千克之间，克组指的是 1~50 克之间，而微克组则是 1~500 毫克之间。根据需要还可以有微克组或其他种砝码组合，如在台秤上采用的增砝组，砝码的组合形式通常有 5、3、2、1，5、2、2、1 和 5、2、1、1。

在使用砝码时要注意，不能用手捏，只能用镊子夹。

玻璃棒

玻璃棒是化学实验中经常使用的简易搅拌器，呈玻璃质细长棒状。玻璃棒在化学实验中的主要用处是用来加速溶解、促进互溶、引流和蘸取液体。玻璃棒还经常用在蒸发皿中搅拌溶液，以避免因受热不均匀而四处飞溅等。

玻璃棒在化学实验中是常用的，尤其是在中学实验中最为常用，几乎是必不可少的实验器材。它的主要成分是二氧化硅，同样也具有自己的特性，物理性质主要有硬度大、熔点高、难溶于水和无色透明等。化学性质为不活泼、不与水反应、不与酸（除 HF 外）反应。

如果将玻璃棒在化学中的作用归纳在一起，则为导流、搅拌、转移 3 种。

药 匙

药匙在化学实验中主要用来取用粉末状或小颗粒状的固体试剂。药匙通常大小不一，所以在化学中可以根据试剂用量的不同来选用合适的药匙。不过在使用时要注意，药匙不能用来取用热药品，也不要接触酸、碱溶液，在取用药品后，应及时用纸把药匙擦干净。另外,药匙最好专匙专用,如果是用玻璃制作的小玻璃勺子可长期存放于盛有固体试剂的小广口瓶中,而且不用每次洗涤。

药匙的使用虽然看似简单,如果使用不正确也会带来一定的不良后果。那么,怎样使用才算正确呢?

(1)在使用前必须擦干净,以保证取用固体药品的纯度。

(2)一支药匙不能同时取用两种或两种以上的试剂。

(3)药匙每取完一种试剂后都必须用干净的纸擦拭干净,以备下次使用。药匙的两端分别根据取用物质的量的多少分为大小两匙,取固体量较多时用大匙,较少时用小匙。

此外,往试管里装入固体粉末时还要注意一些问题,为避免药品沾在管口和管壁上,在往试管里倒入药品时试管应倾斜,然后再把盛有药品的药匙小心地送入试管底部,将试管直立起来,让药品全部落在底部,或将试管水平放置。

燃烧匙

燃烧匙由铁丝和铜质小勺铆合而成,在实验中通常用来盛放可燃性固体物质作燃烧试验,特别是物质在气体中的燃烧反应。在使用燃烧匙时应注意,如果匙中盛放的物质能和铁、铜反应,要在其中盛放一层细沙。

虽然量筒和烧杯也同样可以在实验中用来盛放反应物,但是燃烧匙最大的不同就是可以直接放在酒精灯上进行操作,而很多的实验仪器是不可以直接放在酒精灯上的。

石棉网

石棉网是在化学实验中经常用在烧煮液体时架在酒精灯上的三脚架上的铁丝网，它的构造很简单，就是由二片铁丝网和一块棉布所构成，不过这个棉布必须是在石棉水中浸泡后晾干的。

石棉网在实验中的主要作用就是分散容器的热量，避免容器热量太大而导致爆裂。因为在实验中有时会需要长时间的加热，而火焰长时间集中在容器的某个点，最终可能会使容器爆裂。用了石棉网，火焰的热量会分散到容器的每个角落，这样长时间烧，容器也不会爆裂。其中的原因就是因为石棉不是可燃性物质，铁丝可将火焰的热量分散到空气里或传到容器上方，从而使热量均匀。

不过在使用时要注意石棉并不耐高温，石棉纤维在500℃以上就开始粉化，所以石棉只能用做保温材料。因此我们看到在实验室用石棉网的时候，会将它直接接触火焰，但这并不说明石棉可以接受火焰的灼烧。只不过一般情况下酒精灯的火焰都会很弱，而且石棉网内有铁丝网可以用来均热降温，因此石棉网达不到这个温度。就是表面达到了这个温度，石棉就会被粉化而逐渐损坏。

如果把石棉网用酒精喷灯灼烧，或者放在马弗炉里面，可能就是一次性的破坏了。

滤　纸

滤纸作为一种过滤工具，在化学实验室中很常见，它的形状

通常为圆形,大多是由棉质纤维所制成。

在实验中,滤纸大部分是连同过滤漏斗及布氏漏斗等仪器使用。使用前应该把滤纸折成合适的形状,常见的折法是将滤纸折成类似花的形状。滤纸的折叠程度愈高,它所能提供的表面面积也就会越高,因而过滤效果也就更好,不过也不能因为这样就一味地折叠,滤纸可能会因为过度折叠而导致破裂。在使用时把引流的玻璃棒放在多层滤纸上,用力均匀,避免滤纸破坏。

在滤纸选择上应主要考虑以下几点:

(1)有效面积大,即过滤纸使用面积大,因为只有使用面积大,它的容尘量就大,阻力就小,使用寿命就长,当然成本也就相应增加。

(2)纤维直径越细越好,纤维直径很细的时候它的拦截作用就很大,而过滤效率相应较高。

(3)滤材中黏结剂含量要高,黏结剂越多,纸的抗拉强度就高,因此过滤效率就高。另外因为黏结的作用,掉毛现象也就变得少了,滤材本底积尘小,抗性好,但阻力相应增大。

漏 斗

在过滤实验中,漏斗是一个必不可少的仪器。在漏斗中需要装入滤纸来完成过滤的过程。滤纸根据不同的作用和要求可以分为许多种,不同要求可选用不同的滤纸,也应根据漏斗的大小购买相应大小的滤纸。

漏斗的使用方法如下:

(1)首先将过滤纸对折,连续 2 次,折成 90 度圆心角形状。

（2）把叠好的滤纸，按照漏斗的形状打开，两边打开的程度不一样，一边三层，另一边一层。

（3）把漏斗状滤纸放入漏斗内，滤纸边要低于漏斗边，然后向漏斗口内倒一点清水，因为滤纸只有被浸湿才能与漏斗内壁贴靠在一起。

（4）将装好滤纸的漏斗放置在铁架台的圆环上或其他一些过滤用的漏斗架上，而用来接纳滤液的烧杯和试管之类则放置在漏斗颈下，并使漏斗颈尖端依靠在接纳容器的内壁上。

（5）向漏斗中注入需要过滤的溶液时，盛液的烧杯应该拿在右手，而左手拿着玻璃棒，玻璃棒下端靠紧漏斗内三层滤纸的一面上，使杯口紧靠玻璃棒。待滤液体沿杯口流出，再沿着玻璃棒顺势流入漏斗内，流到漏斗里的溶液的液面不能超过漏斗中滤纸的高度。

（6）当液体通过滤纸，顺着漏斗颈流下时，一定注意要检查一下液体是否是沿着杯壁顺流而下注到杯底的。如果不是，则应该想办法让其形成那种状态，我们可以通过转动烧杯或转动漏斗，使漏斗尖端与烧杯壁贴牢，这样就可以使液体顺杯壁下流了。

分液漏斗

从广泛意义上讲，分液漏斗是教学用实验器皿；狭义上讲，它则专指在化学实验中所运用的实验器皿。它的结构由两部分构成，包括斗体和盖在斗体上口的斗盖。通常在斗体的下口还需安装一个三通结构的活塞，活塞的两通分别与两下管连接。

分液漏斗在实验中有很重要的作用，我们可以通过使用分液

漏斗,使实验操作过程容易控制,减少劳动强度。而在斗体的下口安装的活塞也有它所存在的重要意义,当需要分离的液体比较多时,只需扭动活塞的三通便可将斗体内的两种溶液同时流至下管,不用更换容器便可一次完成。

分液漏斗一般都是用普通玻璃制成,形式多种多样,通常有球形、锥形和筒形等,大小可以分为 50 毫升、100 毫升、150 毫升、250 毫升等。其中,球形漏斗一半都被用来做制气装置中滴加液体的仪器,因此它的颈一般比较长;而锥形分液漏斗的颈一般比较短,是常常用做萃取操作的仪器。

分液漏斗不同于普通漏斗及长颈漏斗的重要原因,就是在它的颈部有一个活塞,而普通漏斗和长颈漏斗之所以不能灵活地控制液体就在于它们的颈部没有活塞装置。分液漏斗在使用前通常要将漏斗颈上的旋塞芯取出,再涂上凡士林,然后插入塞槽内转动使油膜均匀透明,并且转动灵活。接着关闭旋塞,往漏斗内注水,并检查旋塞处是否漏水,如果有漏水就不要再使用,只有不漏水的分液漏斗才可以使用。

另外,漏斗内盛放的液体不能超过容积的 3/4,而且要经常盖上漏斗口的盖子,以免杂质落入漏斗内。当分液漏斗中的液体向下流动时,可以用活塞来控制液体的流量,如果要终止反应,只需将活塞紧紧关闭,即可停止滴加液体。如果要放出液体时,磨口塞上的凹槽与漏斗口颈上的气孔要对准,这时漏斗内外的空气相通,压强相同,漏斗里的液体才能顺利流出。

最后要注意的是,分液漏斗是不可以加热的,漏斗用后要清洗干净。如果长时间不用,一定要把分液漏斗旋塞处擦拭干净,并

且在塞芯与塞槽之间放一张纸，以防止磨砂处粘连。

酒精灯

酒精灯在实验中是非常常见的实验工具，主要用于加热。那么在它的使用过程中应注意哪些问题呢？

（1）新购买的酒精灯应装好灯芯，灯芯一般是用多股棉纱线拧在一起，然后插进灯芯瓷套管中。注意灯芯不可以太短，一般浸入酒精后大概还要长 4~5 厘米。如果是旧灯，特别是那些长时间没有使用的灯，在取下灯帽后，应拔出灯芯瓷套管，用洗耳球或嘴轻轻地向灯内吹一下，以清除其中聚集的酒精蒸气。然后再放下套管检查灯芯，如果灯芯不齐或烧焦都应用剪刀整理为平头等长。

（2）不要等到新灯或旧灯壶内的酒精用完才去添加，当它的容量已经少于其容积 1/2 的时候就可以添加了。而且酒精通常不能装得太满，最好不要超过灯壶容积的 2/3。如果太多或者太少都会引起不良后果，太少则灯壶中酒精蒸气过多，这样就容易导致爆燃；而太多则可导致受热膨胀，使酒精溢出，发生严重的明火事故。添加酒精时避免将酒精洒出，因此一般规定使用小漏斗来进行添加。如果酒精灯正在使用的时候需要添加酒精，那么必须要先熄灭火焰。决不可以在酒精灯燃着时加酒精，否则，很容易发生火灾，造成事故。

因为灯芯如果没有经过浸泡，在点燃后就跟容易烧焦，所以在给新灯添加完酒精后应当将新灯芯放入酒精中浸泡，并且通过移动灯芯套管使每端灯芯都浸透，然后调节好其长度，这时候才

可以点燃。另外，点燃酒精灯的时候也要注意一定要使用火柴点火，绝对禁止用燃着的酒精灯点火，否则易将酒精洒出，引起火灾。

在用酒精灯加热时，若无特别要求，通常用温度最高的外焰来加热器具，而且需要加热的器具与灯焰的距离要适当，不能太高也不能太低。器具与灯焰的距离通常用灯的垫木或铁环的高低来调节。需要加热的器具必须放置在一定的支撑物上如三脚架、铁环等或用坩埚钳、试管夹夹住，切忌用手拿着仪器加热。

如果加热完毕或要添加酒精时就需要熄灭火焰，如何熄灭火焰在酒精灯的配置上已经有了一个工具就是灯帽，可以使用灯帽将其盖灭，不过在盖灭后往往需要再重盖一次，让空气进入，以免冷却后盖内造成负压使盖不容易打开，杜绝用嘴吹灭。

酒精灯如果不用时，应盖上灯帽，因为酒精有挥发作用，所以如果酒精灯长时间不用，灯内的酒精最好倒出，以免挥发。同时还要在灯帽与灯颈之间应夹一个纸条，以防粘连在一起。

不能用嘴吹酒精灯的原因

在化学实验中，很多实验都离不开酒精灯，如果我们曾经接触过酒精灯参与的实验，如镁带的燃烧就需要使用酒精灯。这时候，总是会有人提醒我们，在熄灭酒精灯时不能用嘴吹灭。

为什么酒精灯不可以用嘴吹灭呢？其中最主要的原因就在于，这么做可能引起灯壶内酒精燃烧，产生"火雨"。当你用嘴吹灭酒精灯的时候，由于同时往灯壶内吹入了空气，灯壶内的酒精蒸汽和空气在灯壶内很容易迅速燃烧，从而产生很大气流并往外猛

冲,同时发出闷响声,这时候就产生了"火雨",从而造成安全事故。而且酒精灯中的酒精越少,留下的空间越大,如果在天气炎热的时候,还会在灯壶内形成酒精蒸气和空气的混合物气体,这样会给下次点燃酒精灯带来不安全因素,因此,不能用嘴吹灭酒精灯。

其实不能用嘴来吹灭酒精灯的原因,用简单的一句话可以概括为:因为酒精容易挥发,挥发后的酒精和空气的混合气体容易燃烧和爆炸,如果用嘴吹的话,可能使高温的空气倒流入瓶内,发生爆炸。

正确熄灭酒精灯的方法是用灯盖盖住,用隔绝氧气的原理来灭火。此外,酒精灯最好盖两次以避免下次不容易打开。

温度计

温度计是用于测量温度的必备仪器,根据不同的需要可以分为很多种,包括数码式温度计、热敏温度计等等,在实验室中比较常用的是玻璃液体温度计。

温度计最常用的分类是根据用途和测量精度的不同所进行的,可以分为标准温度计和实用温度计两种。两者之间的区别在于标准温度计的精度比较高,而它的主要任务不是测量而是用于校对其他温度计。而实用温度计则是指用于实际测温用的温度计,可以根据不同的行业分为实验用温度计、工业温度计、气象温度计和医用温度计等,其中棒式的工业温度计是在一般的实验中经常使用的。

在温度计的量程上,酒精温度计的量程为100℃,水银温度计

有 200℃和 360℃两种量程规格。

在使用温度计时要注意以下几个问题：

（1）应根据实际需要选择符合测量范围的温度计，不可超量程使用温度计。

（2）在测液体温度时，温度计的液泡要全部浸入液体中，而且不可以接触容器壁；如果是测蒸汽温度应将液泡放置在液面以上；在测蒸馏馏分温度时，液泡要稍微低于蒸馏烧瓶的支管。

（3）在读取数据时，眼要水平观察刻度，以免出现误差。要想读出精确的数值。如果是水银温度计，视线应该与液柱弯月面的最高点水平。如果是酒精温度计则应是最低点。

（4）不可把温度计像玻璃棒一样用于搅拌，使用完毕后要擦拭干净，装入纸套内，并远离热源存放。

试 管

试管在化学实验中是最常见的，它依据不同的用途可以分为普通试管、具支试管、离心试管等多种。

不同类型的试管也各有自己不同的表示方式，其中，普通试管的大小以外径（毫米）×长度（毫米）表示，如 5×150、18×180、25×200 等；而离心试管的大小则以容量毫升数表示。

使用试管时，我们同样也要知道有哪些注意事项。普通试管可以直接加热，但是所装溶液的容量一般不要超过试管容量的 1/2，如果在加热通常不能超过试管的 1/3。在加热时一般都还需要另一个道具，即必须使用试管夹，并夹在接近试管口的地方。在加热时，首先要使试管下端在受热时能达到均匀，然后在试管底部

加热,并不断来回移动试管,这时应将试管倾斜约45度。

在加热的过程中,除了使用试管夹进行加热,还要避免试管口对着人或者朝着有人的方向。其次还要切记受热要均匀,以免发生暴沸或试管炸裂。另外,在加热后要慢慢冷却不能让它骤冷,防止试管破裂。

试管的用途很多,主要有:

(1) 用来盛取液体或固体试剂。

(2) 可以用来对少量的固体或液体进行直接加热。

(3) 可以用在制取少量气体的反应中。

(4) 可以用于收集少量气体使用。

(5) 溶解少量气体、液体或固体的溶质。

试管夹

试管夹主要是用来夹取试管用,在夹取试管的时候一般都是从试管底部往上夹,夹在距试管口1/3处或中上部。

需要注意的是,要防止它腐蚀烧灼,手握长柄,大拇指握短柄。

试管夹的基本构造为:一般为木制,表面平整、挺直、无毛刺、无节疤、无裂纹、木身经脱脂干燥处理,含水率不大于18%。长度不小于180毫米,宽度20毫米,厚度10毫米。试管夹闭口缝不大于1毫米,最大开口距不小于25毫米。闭口时两块夹片相合无明显不齐。

另外,试管夹所附毡块应粘接牢固,以免脱落,还要保证试管夹的弹簧应有足够弹性,并做防锈处理。

量 筒

量筒在实验中也非常常见，它是量度液体体积的仪器。量筒的规格以所能量度的最大容量（毫升）表示，常用的有 10 毫升、25 毫升、50 毫升、100 毫升、250 毫升、500 毫升、1000 毫升等。在量筒的外壁的刻度都是以毫升为单位，10 毫升量筒每小格表示 0.2 毫升，而 50 毫升量筒每小格表示 1 毫升。从这里我们可以看出，量筒越大，管径越粗，其精确度越小，由视线的偏差所造成的读数误差也越大。因此，我们在实验中可以依据所取溶液的体积，尽量选用能一次量取的最小规格的量筒。但是也能小于这个容量，因为分次量取也能引起误差，如量取 70 毫升液体，应选用 100 毫升的量筒。

在使用量筒时也要注意一定的方式，首先在向量筒里注入液体时，应用左手拿住量筒，使量筒略倾斜，右手拿试剂瓶，使瓶口紧挨着量筒口，让液体缓缓流入。待注入的量比所需要的量稍少时，把量筒放平，改用胶头滴管滴加到所需要的量。

这里要说明的是，量筒没有"0"的刻度，所以一般起始刻度为总容积的 1/10。注入液体后，应该等 1~2 分钟，等附着在内壁上的液体流下来，再读出刻度值，这样才能更加精确，否则，读出的数值就会偏小。

在读数值时还要注意，应把量筒放在平整的桌面上，在观察刻度时，视线要与量筒内液体的凹液面的最低处保持水平，再读出所取液体的体积数。否则，读数就会产生误差，或偏高或偏低。

同时，量筒面的刻度是指温度在 20℃时的体积数，因为温度

升高，量筒发生热膨胀，容积会增大。由此可知，量筒是不能加热的，也不能用于量取过热的液体，更不能在量筒中进行化学反应或配制溶液。

因为在制造量筒时已经考虑到有残留液体这一点，所以如果要使取得的液体的体积更加正确，要用水冲洗并倒入所盛液体的容器中，其实这是没有必要的。相反，如果冲洗反而使所取体积偏大。如果是用同一量筒再量别的液体，这就必须用水冲洗干净，目的是为防止杂质的污染。

需要注意的是，量筒不能做反应容器使用，也不能加热。

盖玻片

盖玻片是在实验时用来放置实验材料的玻璃片，呈长方形，较厚，透光性较好。

盖玻片是盖在载玻片的材料上的，在实验中通常用这种方法可以避免液体和物镜相接触，防止物镜受到污染，并且可以使被观察的细胞最上方处于同一平面，即距离物镜距离相同，使观察到的相更清晰。

胶头滴管

胶头滴管又叫胶帽滴管，它也是一种实验室里常见的仪器，通常都是被用来吸取或滴加少量液体试剂。从构造上，胶头滴管包括胶帽和玻璃滴管两部分，可以分为直形、直形有缓冲球及弯形有缓冲球等几种类型。

胶头滴管的规格以管的长度表示，比较常用的为 90 毫米、

100毫米两种。

胶头滴管的使用注意事项有：

(1)胶头滴管的使用方法是,用中指和无名指夹住玻璃管部分,以此来保持稳定,用拇指和食指挤压胶头以控制试剂的吸入或滴加量。

(2)使用胶头滴管滴加溶液时不能与容器有所接触,不能伸入容器,更不能接触容器。

(3)胶头滴管不可以倒置,也不可以平放于桌面上,正确的放置方法应插入干净的瓶中或试管内。

(4)在用完之后,要立即用水清洗干净,切忌不可未清洗就吸取另一试剂。

(5)胶帽与玻璃滴管要保持紧密结合不漏气,如果发现胶帽老化,要及时更换。

(6)使用胶头滴管向试管内滴加有毒或有腐蚀性的液体时,该滴管尖端可以接触试管内壁。

橡胶管

橡胶管在实验中可以说是一个"桥梁"的作用,经常用于仪器部件的连接或用于输导气体、液体。

常见的橡胶管有普通橡胶管和医用乳胶管两种,在一般的简单的实验中大多用医用乳胶管,其规格以外径的大小来划分,常用的有6毫米、7毫米和9毫米三种。

橡胶管的使用注意事项有：

(1)在选用乳胶管的时候,要依据所连仪器的口径大小而定,

一口气读懂化学常识

保证连结时不会太松，可以避免漏气或渗液。

（2）在向管件导入乳胶管的时候，可先将管端部分用水浸湿，然后将乳胶管先套进管件口径 1/2 处时，再以手指用力推进，并左右扭转乳胶管使之进入一定深度。

（3）如果长期不用，乳胶管要保持清洁、干燥，防止老化黏结。

滴定管

滴定管是化学实验中的一个重要的器材，它可以根据不同的适用对象分为碱式滴定管和酸式滴定管。其中，碱式滴定管是用在量取对玻璃管有侵蚀作用的液态试剂，而酸式滴定管则是用于量取对橡皮有侵蚀作用的液体。

滴定管容量一般为 50 毫升，刻度的每一大格为 1 毫升，每一大格又分为 10 小格，故每一小格为 0.1 毫升。

滴定管的构造为一细长的管状容器，一端具有活栓开关，上面具有刻度指示量度。一般在上部的刻度读数较小，靠底部的读数较大，从上到下，刻度不断增加。

在使用滴定管时，加入的液体量不用正好落于刻度线上，只要能正确的读取溶液的量即可。实验时将滴定前管内液体的量去掉滴定后管内液体的存量即为滴定溶液的用量。底部的开关可有效的控制滴定液的流速，使滴定完全时，可以适时地停止滴定液流入其下的锥形瓶中。在远离滴定终点时可迅速的添加滴定液，以节省实验所需的时间。若滴定管在使用时并未先完全晾干，则在正式添加滴定液前，滴定管应以待填充的滴定液涮洗两次，这样可以防止附着在管壁的液体污染滴定液。由于滴定管因管口狭

小，所以在填充滴定液时，必须细心充填，才能防止滴定液漏出，必要时可辅以漏斗放于管口上端帮助填充。滴定管于装入液体后管中不可有气泡，若有气泡应用橡皮或其他不会敲破玻璃的物品轻敲管壁，让气泡浮出液面。不过此时，活栓开关的信道内也可能会有空气存在，这时我们可以快速地扭转活栓数次，则气泡即可排出。滴定管于使用时应保持在垂直的位置，不宜倾斜，可以避免读取刻度时发生误差。

在使用滴定管的时候还要注意，在滴定管下端不能有气泡。消灭气泡的方式不同的滴定管有不同的方法，快速放液，可赶走酸式滴定管中的气泡；轻轻抬起尖嘴玻璃管，并用手指挤压玻璃球，可赶走碱式滴定管中气泡。

另外，酸式滴定管不得用于装碱性溶液，因为玻璃的磨口部分易被碱性溶液侵蚀，使塞子无法转动；而且碱式滴定管不要装对橡皮管有侵蚀性的溶液，如碘、高锰酸钾和硝酸银等。

冷凝管

冷凝管是实验中常用的一种玻璃仪器，它主要被用来利用热交换原理使冷凝性气体冷却凝结为液体。冷凝管从形状上有直形、球形、蛇形和刺形等几种类型。它有时也被用于蒸馏液体或有机备置中，起冷凝或回流作用。

从构造上看，冷凝管由内外组合的玻璃管构成，外管又分为上下两侧各有一个连接管接头，分别用做进水口和出水口。冷凝管在使用时应将靠下端的连接口以塑胶管接上水龙头，当作进水口。因为进水口处的水温较低而被蒸气加热过后的水，温度较高，

较热的水因密度降低会自动往上流，有助于冷却水的循环。

在实验中，冷凝管通常使用于在回流状况下做实验的烧瓶上或是搜集冷凝后的液体时的蒸馏瓶上的情况下。一般对蒸汽的冷凝发生在内管的内壁上，内外管所围出的空间则为行水区，有吸收蒸汽热量并将这热量移走的作用。进水口处通常有较高的水压，为了防止水管脱落，塑胶管上应以管束绑紧。如使用在回流状态下，冷凝管的下端玻璃管要插入一个橡皮塞，以便能塞入烧瓶口中，承接烧瓶内往上蒸法的蒸汽。

回流冷凝管也是冷凝管的一种，有易挥发的液体反应物时，我们经常会在发生装置山峰设计冷凝回流装置来避免反应物损耗和充分利用原料，使该物质通过冷凝后由气态恢复为液态，从而回流并收集。实验室可通过在发生装置安装长玻璃管或冷凝回流管等实现。

移液管

移液管是实验中用来准确移取一定体积的溶液的量器，首先它是一种量出式仪器，它在实验中的作用就是来测量它所放出溶液的体积。移液管的构造很简单，就是一根中间有一膨大部分的细长玻璃管，在它的下端呈尖嘴状，上端管颈处刻有一条标线，是所移取的准确体积的标志。

常用的移液管有 5 毫升、10 毫升、25 毫升、和 50 毫升等规格。在移液管中，通常把具有刻度的直形玻璃管又称为吸量管。常用的吸量管有 1 毫升、2 毫升、5 毫升和 10 毫升等规格，移液管和吸量管所移取的体积通常可精确到 0.01 毫升。

在使用移液管前必须保证它的洁净，首先要用铬酸洗液润洗，除去管内壁的油污。然后用自来水冲洗残留的洗液，再用蒸馏水洗净。洗净后的移液管内壁应不挂水珠。在移取溶液前也要保证移液管的末端洁净干燥，用滤纸将移液管末端内外的水吸干，然后用欲移取的溶液涮洗管壁 2~3 次，来确保所移取溶液的浓度不变。

在移取溶液时也要注意一定的方式，移液管颈的上方应该用右手的大拇指和小指捏住，然后将其末端插入溶液中，左手拿洗耳球，先把球中空气压出，再将球的尖嘴接在移液管上口，慢慢松开压扁的洗耳球使溶液吸入管内。当液面升高到刻线以上时，将洗耳球移走，这时候右手手指应立即堵住上口。

将移液管提出液面，使其保持垂直，同时末端靠在容器的内壁上，因此可使容器略倾斜。然后将食指放松，并轻轻捻动管身，使液面缓慢下降，当溶液的凹面下沿恰与刻线相切时，要立即用食指压紧上口，使溶液不再流出，再将移液管取出并插入承接容器中。同时为了保持其垂直并使末端靠在容器内壁，也可使承接容器略倾斜。松开食指，让管内溶液自然地全部沿容器壁流下。全部溶液流完大概需等 15 秒，之后再拿出移液管，以便使附着在管壁的部分溶液得以流出。这里需要提醒的是，如果移液管未标明"吹"字，则残留在管尖末端内的溶液不可吹出，因为移液管所标定的量出容积中并未包括这部分残留溶液。

总之，移液管的作用就是主要用在定量分析时移取液体使用。近年来，为了实验的需要，许多实验室已使用操作更方便的电动移液控制器替代洗耳球，可以单手操作，更加方便。

比色管

比色管也是化学实验中很重要的仪器，它主要被用于目视比色分析实验，一般用于对溶液浓度的粗略测量。

从外观构造上看，比色管与普通试管大致相同，但比试管多一条精确的刻度线并配有橡胶塞或玻璃塞，且管壁比普通试管薄。比色管常见的规格有 10 毫升、25 毫升、50 毫升三种。

在使用比色管来测量溶液浓度时，用滴定管将标准溶液分别滴入几支比色管中。这里我们可以假设比色管为 V 毫升规格，标准溶液浓度为 a，且每支比色管滴入的标准溶液体积不同，我们可以将不同的溶液体积表示为 X_1、X_2、X_3、$\cdots$，接下来再用滴管向每支比色管中加蒸馏水至刻度线处，盖上塞子后振荡摇匀，这样就可以根据标准液以及滴定管滴入每支比色管的标准液体积，计算出每支比色管中溶液的浓度，分别为 aX_1/V、aX_2/V、aX_3/V、$\cdots$。

不过在比色的时候，只将装待测溶液的比色管与一支装标准溶液的比色管进行对比，对比时将两支比色管放在光照程度相同的白纸前面，用肉眼来观察颜色差异。

在使用比色管时要注意以下几个事项：

（1）比色管不是试管，不能加热，而且比色管管壁较薄，所以在拿放的时候一定要轻点；

（2）在比色时，在同一实验中要使用同样规格的比色管；

（3）清洗比色管时要避免用硬毛刷刷洗，以免磨伤管壁影响透光度；

（4）比色时一次只拿两支比色管进行比较并且光照条件要相同。

烧　瓶

烧瓶在实验中是一种很特殊的容器,它主要用于反应物较多且需较长时间加热的、有液体参加反应的实验中。在结构上,它的瓶颈口径相对较小,如果与塞子及所需附件相结合,也经常用来发生蒸汽或做汽体发生器。因此可以说,烧瓶的用途很广泛,根据用处的不同,形式也有许多种,在一般的实验中常用的有圆底烧瓶和平底烧瓶两种。

圆底烧瓶和平底烧瓶的区别就在于,这个实验中是否有加热。通常圆底烧瓶用于加热条件下的反应容器,而平底烧瓶通常用于不加热条件下的气体发生器,平底烧瓶有时也常被用来装配洗瓶等。平底不用于加热条件下的反应容器有一定的原因,最主要的就是它的构造,因为平底烧瓶底部平面较小,其边缘又有棱,所以应力较大,这样在加热时就很容易发生炸裂。

烧瓶的规格以容积大小来划分,常用为 150 毫升、250 毫升和 500 毫升几种。在使用圆底烧瓶时应注意:

(1)圆底烧瓶底部厚薄比较均匀,又没有棱角出现,因此可用于长时间强热条件的反应。

(2)加热时不可以用火焰直接加热,烧瓶通常应放置在石棉网上。

(3)实验完毕后,应立即撤去热源,在进行洗涤之前必须确保它已经冷却。

容量瓶

容量瓶是一种测量容积的器皿，整体看起来呈细颈梨形，平底，带有磨口玻塞，颈上有标线，上面标的是温度和容积，表示在所指温度下液体充满到一定的标线时，溶液体积正好与瓶上所表示的容积相等。容量瓶上通常标有温度、容量和刻度线。

从某种意义上说，容量瓶是一种很精确的测量仪器，它是为配制准确的物质量浓度的溶液而使用的。容量瓶经常和移液管配合使用，主要是将某种溶液进行分类，分为若干等份。

容量瓶通常有 25 毫升、50 毫升、100 毫升、250 毫升、500 毫升及 1000 毫升等数种型号，100 毫升和 250 毫升的容量瓶是在实验中经常使用的。

在使用容量瓶之前，首先要进行以下两项检查：

（1）要检查容量瓶的容积与所要求的是否相同。

（2）要检查瓶塞是否严密，不能让它有漏水现象。

检查它是否漏水是一个很重要的事项，通常都是以下面的方法来进行：在瓶中加水到标线附近，然后塞紧瓶塞，让它倒立 2 分钟，再用干滤纸片沿瓶口缝处擦拭，看有无水珠渗出。如果不漏，不要立即松懈，而是要再把瓶塞旋转 180 度，塞紧倒立过来，试验这个方向有无渗漏。虽然很麻烦，但是这样做两次检查有着很大的必要性，因为有时瓶塞与瓶口，不是在任何方位都是密合不漏的。

在用容量瓶配制标准溶液时，首先应将精确质量的试样放在小烧杯中，然后加入少量溶剂，搅拌使其溶解，如果这种溶液很难

溶，可以盖上盖子，加热一会儿，但是在转移之间一定要确保它已经冷却。转移的方法一般都是沿着玻璃棒用转移沉淀的操作方法将溶液定量地移入干净的容量瓶中，然后用洗瓶吹洗烧杯壁5~6次，再按照相同方法转入容量瓶中。当溶液加到瓶中的2/3处之后，将容量瓶沿着水平方向摇转几下使溶液能够大致做到混合更均匀，在摇转的时候要注意切忌倒转。然后，把容量瓶平放在桌子上，慢慢加水到距标线1厘米左右时停下，等待1~2分钟，让黏附在瓶颈内壁的溶液能够全部流下，用滴管伸入瓶颈接近液面处，目光与标线平行，加水直至凹面下部与标线相切。

接下来迅速盖好瓶塞，用一只手的食指按住瓶塞，同时另一只手的手指托住瓶底，注意在瓶身处不要让它接触到手，以免体温使液体升温膨胀，影响容积的精确性。然后，将容量瓶倒转过来，使气泡上升到顶，此时可将容量瓶振荡数次。然后再倒转过来，仍使气泡上升到顶。如此反复10次以上，才能混合均匀。

在使用时仍然要注意容量瓶里不能长久地存放溶液，特别是碱性溶液时间久了会侵蚀瓶壁，并使瓶塞与瓶口粘住，无法打开，另外容量瓶也不能加热。

锥形瓶

锥形瓶是实验中常见的一种器具，又称为锥形烧瓶或三角烧瓶。

从整体上看，锥形瓶瓶体比较长，底大而口小，如果装入溶液后，则重心靠下，因此药匙拿在手中振荡应该是很方便的，故在实验中常用于容量分析中作为滴定容器。在实验室它还经常被当作

装配气体发生器或洗瓶。

锥形瓶的大小以容积划分，常用的分为 150 毫升、250 毫升等几种。

在使用锥形瓶时有以下几个注意事项：

（1）在振荡的时候，要注意手持锥形瓶的方法，通常都是用右手姆指、食指、中指握住瓶颈，无名指轻扶瓶颈下部，手腕放松，手掌带动手指用力，在进行振荡时应该以圆周形状。

（2）如果用锥形瓶来做振荡的动作时，瓶内所盛溶液通常不要超过容积的 1/3。

（3）若需加热锥形瓶中所盛液体时，需要垫上石棉网。

曲颈瓶

曲颈瓶又称为曲颈甑，它是实验时所用的仪器中历史较久的一种，而且简单实用，通常被用做反应容器或蒸馏器。曲颈瓶的构成除仅有的一个有磨口的玻璃塞外，容器和曲颈相连，线条比较流畅，一气呵成。

曲颈瓶的最大特点，就是结构比较简单，它的连接一般不需要其他物体，如橡胶塞或橡胶管等，而是通过接受器与玻璃容器相连，或直接与斜置烧瓶相连，所以比较耐腐蚀。这种性质我们在实验中都可以看到，例如，在制作硝酸时，可以先从塞口放入固体硝酸钠，再由此注入适当浓硫酸，塞紧瓶塞，加热，蒸出的硝酸蒸气直接由曲颈进入到接受器中，同时冷凝为液体状态。所以说，曲颈瓶的最大好处就是可以有效避免因连接处有橡胶制品而遭到硝酸腐蚀老化发生的漏气事故。

曲颈瓶的大小以容积划分，常用的有 125 毫升、250 毫升和 500 毫升几种。

在使用曲颈瓶时，应注意以下几个事项：

（1）如果需要在铁架台上固定，应让它的瓶塞朝向最上面，用铁夹夹住曲颈近容器的部位，这样让曲颈很自然的与桌面形成一个夹角。

（2）加热时应该垫上石棉网。

（3）实验结束后，必须固定放置，等到其冷却后，先将残留物从曲颈口倒出，再从瓶塞口加水，进行反复的冲刷以至洗净，然后放置好。

试剂瓶

试剂瓶在实验中是一种很常见的容器，在实验室里专门用来盛放各种液体、固体试剂，它的形状大小基本类似，可以因需要分为细口、广口两种。

因为试剂瓶一般都是用于常温存放试剂，所以一般都用钠钙普通玻璃制成。试剂瓶的瓶壁一般都会做得很厚，主要是为了保证其具有一定强度。

在分类上，试剂瓶除了有细口、广口的区分以外，还可以根据颜色和有无塞进行分类，可以分为无色、茶色（棕色）2 种或者有塞、无塞 2 类。其中有玻璃塞的试剂瓶，无论细口、广口，均应被内磨砂处理过。无塞的试剂瓶可不作内磨砂，而常常配以一定规格的非玻璃塞，如橡胶塞、塑料塞、软木塞等。随着科技的发展以及实验的需要，目前出现了很多比较实用的塑料试剂瓶，使试剂器

的种类更加丰富多彩。

试剂瓶的规格以容积大小来划分，小至 30 毫升、60 毫升，大至几千至几万毫升不等。

在使用试剂瓶时要注意以下几个事项。

（1）有塞试剂瓶在不使用的时候，通常在瓶塞与瓶口磨砂面之间夹上一张纸条，避免它们粘连在一起。另外，如前所述，所有试剂瓶都不可以用于加热。

（2）应该按照盛装试剂的理化性质来选用所需的试剂瓶，它所规定的一般原则是：

①应该将固体和液体分开盛装，盛装固体试剂通常选用的都是广口瓶，而盛装液体试剂通常选用细口瓶。

②盛装见光易分解或变质的试剂通常选用颜色深的棕色瓶。

③盛装低沸点易挥发的试剂通常选用有磨砂玻璃面得试剂瓶。

另外，盛装碱性试剂通常选用带橡胶塞试剂瓶等等。如果试剂具有上述多项理化指标时，则可按照以上原则综合考虑，选用适宜的试剂瓶。

（3）对一些特殊试剂有的是不能用试剂瓶来装的，如氢氟酸等就不能用任何玻璃试剂瓶而应该选用塑料瓶盛装。

洗气瓶

洗气瓶在试验中是经常被用来除去气体中所含杂质的一种常用仪器。通常是当含有杂质的气体通过盛于洗气瓶中选定的液体试剂的时候，在通气冒泡的过程中，杂质就已经被清除掉了，同

时这种液体试剂也保留下了气体中所含的少量固体微粒或液滴。因此洗气瓶的作用就是净化气体,使气体更加纯净。

洗气瓶的规格以容积大小来划分,常用的分为125毫升、250毫升和500毫升几种。

洗气瓶在使用时应注意的事项如下:

(1)再选用洗气瓶时,一般要根据净化气体的性质及所含杂质的性质和要求来选择适宜的液体洗涤剂,而且洗涤剂的量不要超过洗气瓶容积。

(2)在使用前一定要检验洗气瓶的气密性,还要特别留意不要把进、出气体的导管连接反了。

(3)洗气瓶不可以长时间盛放碱性液体洗涤剂,用后应该及时将该洗涤剂放在有橡胶塞的试剂瓶存放待用,并用水清洗干净。

集气瓶

集气瓶是一种广口玻璃容器,它结构上的特征主要在于瓶口平面磨砂,因此能跟毛玻璃保持严密接触,并且不会产生漏气的现象。集气瓶在试验中经常被用于收集气体、装配洗气瓶和进行物质跟气体之间的反应,或者被用于收集或贮存少量气体。

在使用集气瓶时同样应该注意:它不能用于加热。如果物质与气体是放热反应,集气瓶内还应放适量水或铺一层砂。

使用集气瓶来收集气体主要有3种方法,分别为排水法、向上排空气法和向下排空气法。

排水法只适合于不溶于水或者微溶于水的气体,这种方法是

将集气瓶中灌满水倒扣在水槽中，然后将导管插入集气瓶中，待瓶中水全部排空后盖上毛玻璃片取出。

向上排空气法的收集方法是将干燥、洁净的空集气瓶瓶口向上正放在实验桌面上，将导管伸入集气瓶底部，开始收集气体。进行一段时间后，可以进行验满的实验。对不同的气体进行验满的方法如下：

如果是氧气，我们可以将带火星的木条或者火柴放在瓶口，若木条或者火柴复燃，则说明瓶内氧气已满；如果是二氧化碳则相反，同样是将带火焰的木条（火柴）放在瓶口，不过与氧气不同的是木条（火柴）熄灭，则说明瓶内二氧化碳已满。

向上排空气法一般用于收集易溶于水或会与水发生化学反应的气体，而且该气体的密度必须大于空气的密度。

向下排空气法用于收集密度小于空气密度的气体，如氢气。

蒸馏瓶

蒸馏烧瓶实际上是属于烧瓶的一种，但是它被作为专门用来蒸馏液体的容器，原因就在于它的结构与其他烧瓶有一定的不同，即瓶颈部位有一略向下的支管。

蒸馏烧瓶分为减压和常压两种。常压蒸馏烧瓶又因为支管的位置分为三种，分别为支管在瓶颈上部、中部和下部。当然，三个不同的位置则都有自己一定的作用，通常蒸馏沸点较高的液体，使用支管在瓶颈下部的蒸馏烧瓶；沸点较低的则用支管在上都的蒸馏烧瓶；而沸点一半的液体则使用支管位于瓶颈中部的，因此它也是比较常用的蒸馏瓶。

蒸馏烧瓶的规格以容积大小划分,常用为150毫升和250毫升两种。

使用蒸馏烧瓶时应注意的问题如下:

(1)在配置附件的时候,如温度计,应使用合适的橡胶塞,特别要注意检查气密性是否良好。

(2)加热的时候应该放置在石棉网上,以使它均匀受热。

广口瓶

广口瓶在试验中是用于盛放固体试剂的玻璃容器,它根据不同的需要有透明和棕色两种,棕色瓶一般是用于盛放需避光保存的试剂。

广口瓶的使用注意事项有:

(1)它不能用来加热。

(2)在取用试剂时,要将瓶塞倒放在桌上,用后瓶塞塞紧,必要时密封。

(3)在玻璃塞的广口瓶中应避免盛放强碱性试剂,因为瓶口内侧磨砂,跟玻璃磨砂塞配套。如果需要盛放碱性试剂,则可以改用其他瓶塞如橡皮塞即可,并且不能用于加热。

此外,广口瓶在试验中常被称为气体实验的"万能瓶",因为它可以配合玻璃管和其他简单仪器组成各种功能的装置。

细口瓶

细口瓶是一种用于存放液体试剂的玻璃容器,身大口小。

细口瓶与广口瓶一样,也分为透明和棕色两种,棕色瓶用于

一口气读懂化学常识

盛放需避光保存的试剂。

在使用细口瓶时,应注意以下事项:

(1)它同样不能用于加热。

(2)取用试剂时,瓶塞要倒放在桌上,用后加塞塞紧,必要时密封。

(3)由于瓶口内侧磨砂,跟玻璃磨砂塞配套,因而不能盛放强碱性试剂。如果盛放碱性试剂,与广口瓶一样可以改用橡皮塞。

此外,在收集光子时,由于光子具有能量,能使电子跃迁,也就是使原子的最外层电子更易流失,从而改变状态,因此在储存时应用暗颜色的细口瓶,但是黑色瓶虽然能吸收全部光子,却看不到瓶中状态,因此用能吸收大部分光子的棕色瓶。

称量瓶

称量瓶是带有磨口塞的筒形的玻璃瓶,它在试验中是一种很常用的玻璃器皿,是在试验中主要被用于差减法称量试样的容器,一般用于准确称量一定量的固体。在结构上,称量瓶的一个显著特征就是它有磨口塞,可以避免瓶中的试样吸收空气中的水和 CO_2 等,所以很适用于称量易吸潮的试样。

称量瓶因此又称称瓶,是精确称量分析试样所用的小玻璃容器,整体结构一般是圆柱形,带有磨口密合的瓶盖。

称量瓶的规格以外径×高表示,按照不同的方法有不同的分类。如果按形状可以分为扁形、筒形两种,有时也可以根据材料分为普通玻璃称量瓶和石英玻璃称量瓶两种。

使用称量瓶时要注意,称量瓶的盖子是磨口配套的,因此不

一口气读懂化学常识

得丢失、弄乱。而且称量瓶使用前应洗净烘干，即使不用也要把它洗净，并在磨口处垫一小纸，以方便打开盖子。

坩埚

坩埚是一种瓷质化学仪器，经常被用于分析实验中，常常用来灼烧沉淀。在有的试验中，它还被用来灼烧结晶化合物、熔化不腐蚀瓷器的盐类及燃烧某些有机物。

瓷质坩埚用于定量分析实验时，通常需要称量一下，为了方便起见，常在坩埚上标明其质量。它在用于灼烧实验的定量分析前通常要做灼烧失重的空白实验，如果失重超过实验允差时，那么这个坩埚就不能使用。

坩埚的规格以容积大小来划分，一般试验中常用的为 30 毫升。

坩埚的使用注意事项有：

（1）在做定量实验的时候，称量过的坩埚和坩埚盖在使用过程中不要混淆，以免张冠李戴。

（2）瓷坩埚可以放在泥三脚上直接用酒精灯来加热，但是在加热的时候要用坩埚钳均匀转动。

（3）热坩埚一定要把它放在石棉网上，不可以直接放在实验桌面上，并且盖好坩埚盖或与坩埚盖一起放置于保干器中冷却。

坩埚钳

坩埚钳在化学试验中也是一种很常见的化学仪器，它主要被用来夹持坩埚进行加热或往热源（煤气灯、电炉、马弗炉、酒精灯）

中取、放坩埚,加热坩埚时,夹取坩埚或坩埚盖。

在成分上,坩埚钳一般都是不锈钢的。

坩埚钳的使用方法和注意事项如下:

(1)在试验中所使用的坩埚钳必须是洁净的。

(2)在用坩埚钳夹取灼热的坩埚时,必须将钳尖先预热,以免坩埚因局部冷却而破裂,用后钳尖应向上放在桌面或石棉网上。

(3)实验完毕后,要将钳子擦干净,放入实验柜中,要注意干燥。

(4)在夹持坩埚时使用弯曲部分,如果用在别的地方则用尖头。

(5)坩埚钳不一定非要与坩埚配合才能使用。

布氏漏斗

布氏漏斗在试验中是用于减压过滤的一种常用瓷质仪器,它经常在试验中与吸滤瓶配套使用,一半都被用于滤吸较多量固体试剂。

布氏漏斗的规格以斗径和斗长来划分,比较常用的为 20 毫米×60 毫米、25 毫米×65 毫米、32 毫米×75 毫米三种。

在使用布氏漏斗时应注意:

(1) 在使用布氏漏斗进行减压过滤的时候,往往要在漏斗底上平放一张比漏斗内径略小的圆形滤纸,使底上的细孔被全部盖住。然后用蒸馏水润湿,特别要注意滤纸边缘要与底部紧贴。

(2)布氏漏斗在与配套使用的吸滤瓶相连时常常是用一个大小适宜的单孔橡胶塞紧套在漏斗颈上使之相连。

吸滤瓶

吸滤瓶又称为抽滤瓶,它是一种在试验中与布氏漏斗配套组成减压过滤装置时用做承接滤液的容器。

吸滤瓶的瓶壁比较厚实,因此能承受一定压力,它与布氏漏斗配套使用后,一般用抽气机或水流抽气管减压。通常是在抽气管与吸滤瓶之间需要添加一个缓冲器,通常是用一个二口瓶作为缓冲器,以避免发生倒流现象。

吸滤瓶的规格用容积表示,通常分为 250 毫升、500 毫升及1000 毫升等几种。

使用吸滤瓶时应注意:

(1)在安装的时候,布氏漏斗颈的斜口往往要远离并且面向吸滤瓶的抽气嘴。在抽滤时通常都用流水来控制速度以保证它能慢且均匀,并且滤液不可以超过抽气嘴。

(2)在抽滤的过程中,如果漏斗内沉淀物有裂纹出现时,要用玻璃棒及时压紧消除,以保证吸滤瓶的低压,便于吸滤。

水浴锅

水浴锅在试验中常常被用于均匀间接加热,也可用于控温实验。在试验中,有时为避免出现直火加热会发生过热或温度变化太大的现象,经常使用水浴、水蒸气浴或油浴等方法进行加热。一般情况下,水浴或水蒸气浴都能够加热到 95℃左右,如果浴内注入的液体是油类时,则称为油浴。

水浴锅有铜质或铝质之分,其规格以口径的大小表示,常用

的水浴锅为 160 毫米。

水浴锅的使用注意事项如下：

（1）如果在浴内盛放液体，其锅盖由一套具有同心圆的环形盖子组成，每个环圈在使用前都应缠满细布或纱布，以免玻璃或瓷质容器与金属盖直接接触而出现过热现象，而且还可防止受热容器移位滑落。

（2）通常水浴只需加热 80℃以下，这时候容器受热部分可浸入水中，但不可以接触浴底。如果需要加热到 80℃以上时，可利用蒸气加热。加热到 100℃以上时，则改用油浴。

（3）当实验室没有水浴锅时，也可用适当口径的烧杯代用，但加热的时候要注意在烧杯下垫上石棉网。

橡胶塞

橡胶塞在试验中相当于一个附属的器具，它常与容器作用在一起，是一种用来塞住容器口或钻孔后安装其他仪器的常用配件。

根据需要的不同，橡胶塞种类也不同，一般有玻璃、软木、橡胶三种，塑料塞在近年出现。选用什么材料的塞子，要根据所接触的物质来决定。如果这三种塞子都可以使用时，我们应该相信橡胶塞是最好的选择，因为它不仅容易加工，而且具有一定弹性，还可以使仪器连接得更牢固、严密。

实验室常用白胶塞的规格是按大小端直径和轴向长度由小到大以相应的编号来表示，最小的有 000 号，其次是 00 号和 0号，后面的从 1 号逐渐增长到 15 号，塞子的规格也是由小到大。

当然，在试验中所用的塞子一般都是小的，在工业上使用的白胶塞的号数会更大，不论软木塞、橡胶塞都是编号数越大，塞径也就越大。

通常大试管适配 3 号或 4 号胶塞，而烧瓶宜配 5 号或 6 号胶塞。

使用橡胶塞应注意以下 3 个事项：

（1）一般在使用橡胶塞的时候，最好是将橡胶塞一半以上塞进容器，还要估计到钻孔插入玻管或容器后会膨大一些。

（2）也有一些不适宜用橡胶塞的溶液，如汽油、乙醚、苯、四氯化碳、二硫化碳等有机试剂及氯、液溴、浓硝酸等无机试剂等。

（3）橡胶塞如果长期不使用时，应用滑石粉拌和，并用塑料袋密封保存，防止老化。

启普发生器

启普发生器也称为气体发生器，是 1862 年荷兰化学家启普发明的，它在化学试验中经常用于不需加热、由块状固体与液体反应制取难溶性气体的发生装置中。

从构造上看，启普发生器由三部分组成，包括上部的球形漏斗、下部的容器和用单孔橡胶塞与容器连接的带活塞的导气管。有时还需配加一个安全漏斗，如果加酸量较大时，为防止酸液从球形漏斗溢出，可以在球形漏斗上口通过单孔塞接上一个安全漏斗。

启普发生器的使用非常方便，当打开导气管的活塞时，球形漏斗中的液体流入容器与窄口上的固体接触而产生气体；当关闭

活塞的时候，生成的气体将液体压入球形漏斗，因此使固、液体试剂脱离接触而反应暂行停止，而且启普发生器的使用率很高，可供较长时间反复使用。

在使用启普发生器时，应注意以下事项：

（1）为了防止漏气，在装配启普发生器的时候，要在球型漏斗与容器磨砂口间涂抹少量的凡士林。在容器中部窄口上面通常要加一橡胶圈或垫适量的玻璃棉，以避免反应固体落入容器下部，造成不必要的事故。

（2）使用前首先要检查气密性。

（3）在添加试剂的时候，如是块状固体，选择大小适当的块状固体试剂从容器上部排气孔放入，均匀地放在球形漏斗颈的周围，在塞上带导气管的单孔塞后，打开活塞。然后再从球形漏斗口加入液体试剂，直到进入容器后又刚好浸没固体试剂，这时要关闭导气管上的活塞待用。

（4）启普发生器不可加热使用。

（5）如果需要更换液体试剂时，可将启普发生器转移至实验桌边，使容器下部塞子朝外伸出桌子的边缘，下面摆放一容积大于球形漏斗的容器，再慢慢打开塞子。这时一定要注意将液体流进下面的容器，等到快流尽液体时，可倾斜仪器使液体全部流出，把塞子塞紧后，方可重新加液。

（6）启普发生器并不是所有气体都可以制取，一般用于制取氢气、二氧化碳、硫化氢气体，不可以用来制取乙炔和氮的氧化物等。

冷凝器

冷凝器也是一种常见的仪器,它又称为冷凝管,在试验里经常用来将蒸汽冷凝为液体。

冷凝器依据不同的使用要求分为多种结构的类型,它的内管有直型、蛇形和球形三种。其中直型冷凝器构造比较简单,通常用于冷凝沸点较高的液体;而沸点低的又容易挥发的有机溶剂则应该用蛇形冷凝管进行回收。不过球形也可以适用。

冷凝管的规格以外套管长度来划分,常用的有 200 毫米、300毫米、400 毫米、500 毫米和 600 毫米等几种类型。

在使用冷凝管时要注意以下几个事项:

(1)直形冷凝器在使用的时候,既可倾斜使用,又可直立使用,但是球形或蛇形冷凝器只可以直立使用,因为如果倾斜的话球内积液或冷凝液形成断续液柱而形成局部液封,可能会导致冷凝液不能从下口流出。

(2)冷凝水中冷水的走向与蒸汽流向的方向是相反的,冷凝水的走向要从低处流向高处,因此要注意千万不能将进水口与出水口接反。

干燥器

干燥器在化学试验中又称为保干器,它是保持物质干燥的一种仪器。

干燥器分为常压干燥器和真空干燥器两种。真空干燥器与常压干燥器的不同之处在于它的盖顶有一个抽气支管与抽气机相

连。这两种干燥器的器体都被分为上下两层。下层用来放干燥剂，上层用来放置欲干燥的物质，中间用一个孔瓷板来隔离。

在通常的试验中，一般使用的都是常压干燥器，其规格以座身上口直径的大小来划分，常用的为 100 毫米~400 毫米等。

干燥器的使用注意事项如下：

（1）在使用时，为了保证盖住后能够更加严密，需要在干燥器的盖子和座身上口磨砂部位涂抹少量的凡士林，并让盖子滑动数次以保证涂沫均匀，这样才能保证不漏气。

（2）要注意干燥器在开启、合盖时的正确方法，应该用左手按住器体，右手握住盖顶"玻球"，再顺着器体上沿轻推或拉动。注意不要用力上提，盖子取下后要仰放在桌上，玻球在下，要注意避免盖子滚动。

（3）要干燥的物质放置在容器中，再放置于有孔瓷板上面，盖好盖子。

（4）要根据干燥物的性质和干燥剂的干燥效率来选择适当的干燥剂放在瓷板下面的容器中，所盛量约为容器容积的一半。

（5）在搬动干燥器的时候，必须两手同时拿住盖子和器体，防止打翻器中物质和滑落器盖。

著名化学家篇

居里夫人

玛丽·居里（1867~1934），是法国著名的物理学家、化学家。她出生于波兰，但是由于当时波兰被占领，后转入法国国籍。居里是世界上著名的科学家，她最突出的贡献就是对放射性现象的研究，以及发现了镭和钋两种天然放射性元素，因为对"镭"的发明，后被人称为"镭的母亲"。她一生中曾经两度获诺贝尔奖，第一次获得诺贝尔物理学奖，第二次获得诺贝尔化学奖。

1897年，居里夫人把放射性物质的研究作为自己选定的研究课题，也是这个研究课题，把她带进了科学世界的新天地。她凭着自己的勤奋和毅力，最终完成了近代科学史上最重要的发现之一，即发现了放射性元素镭。这项发明奠定了现代放射化学的基础，也为人类作出了巨大的贡献。

在研究的过程中，居里夫人曾对已知的化学元素和所有的化合物进行了全面的检查并获得了重要的发现，她发现有一种叫做钍的元素也能自动发出看不见的射线，这说明元素能发出射线的现象也可能是有些元素的共性而决不仅仅是铀的特性。于是她把这种现象称为放射性，放射性元素则指的是有这种性质的元素，它们放出的射线就叫"放射线"。

1902年年底，居里夫人提炼出了0.1克极纯净的氯化镭，并准确地测定了它的原子量，证实了镭的确存在。镭是一种极难得到的天然放射性物质，它的形体是有光泽的、像细盐一样的白色结晶，并且在光谱分析中，镭与任何已知的元素的谱线都不相同。可以

说,镭的发现具有巨大的意义,虽然说它不是人类第一个发现的放射性元素,但却是放射性最强的元素。

后来人们通过对镭的研究赋予一定的实际意义,利用它的强大放射性,能进一步查明放射线的许多新性质。这个发现也使镭成为治疗癌症的有力手段,由于居里夫人的巨大贡献,在法国,镭疗术直接被称为居里疗法。不管怎么说,镭的发现从根本上改变了物理学的基本原理,对于促进科学理论的发展和在实际中的应用,都有十分重要的意义,而她的发现者居里的贡献就不言而喻了。

作为杰出的科学家,居里夫人的影响是一般科学家所没有的,尤其是作为成功女性的先驱,她的典范激励了很多人。

门捷列夫

门捷列夫(1834~1907)是俄国著名的化学家,他出生在俄国西伯利亚的托博尔斯克市,从小就热爱劳动,喜爱大自然,学习勤奋。门捷列夫最大的贡献就是发现元素周期表。

1860年,门捷列夫在为著作《化学原理》一书考虑写作计划时,被无机化学的缺乏系统性所困扰。于是,他开始试着搜集每一个已知元素的性质资料和有关数据,把前人在实践中所得成果都收集在一起。因此在人类对元素问题的长期实践和认识活动的基础上,他具备着十分丰富的材料。后来他在研究前人所得成果的基础上,发现一些元素除特性之外还有共性。于是,门捷列夫开始试着按照一定的规律把这些元素进行排列,在此之中显示了他非凡的耐性和毅力。他为每个元素都建立了一张长方形纸板卡片并在每一块

长方形纸板上写上了元素符号、原子量、元素性质及其化合物，然后把它们钉在实验室的墙上进行反复的排列，后来经过了一系列的排列以后，他终于发现了元素化学性质的规律性。

从门捷列夫立志从事这项探索工作起，一共花了大约20年的工夫，才终于在1869年发表了元素周期律。他把化学元素从杂乱无章的迷宫中分门别类地进行了排列，最后终于得到了广泛的承认。

后来为了纪念门捷列夫的成就，人们将美国化学家希伯格在1955年发现的第101号新元素命名为Mendelevium，即"钔"。

莱纳斯·卡尔·鲍林

莱纳斯·卡尔·鲍林是美国著名的化学家，他的贡献主要体现在量子化学方面，不过他在化学的其他多个领域也都有过重大贡献。鲍林曾两次荣获诺贝尔奖，其中1954年获得化学奖，1962年获得和平奖。因此不管从学术上还是其他方面，鲍林都有很高的国际声誉。

1901年2月18日，鲍林出生于在美国俄勒冈州波特兰市。在他年幼的时候，就很聪明好学，自从11岁认识了心理学教授捷夫列斯，他的人生才真正发生了改变。鲍林小的时候经常在捷夫列斯的私人实验室里玩，捷夫列斯也曾给幼小的鲍林做过许多有意思的化学演示实验，就是这些实验使鲍林萌生了对化学的热爱，也是这种热爱使他走上了研究化学的道路。

当确定了自己的发展方向，鲍林不管在多么艰难的条件下，都

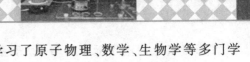

一直坚持刻苦学习，认真学习了原子物理、数学、生物学等多门学科。这些知识，都为鲍林以后的研究工作打下了坚实的基础。

在有机化学的结构理论中，鲍林还提出过有名的"共振论"，由于共振论直观易懂，在化学教学中易被接受，所以很受欢迎。

鲍林最主要的贡献是在研究量子化学和其他化学理论中，他创造性地提出了许多新的概念。共价半径、金属半径、电负性标度等概念都是鲍林提出来的，这些概念的应用，对现代化学、凝聚态物理的发展都有很重要的意义。

1932年，鲍林曾预言，惰性气体可以与其他元素化合生成化合物。惰性气体原子最外层都被8个电子所填满，如果按照传统的理论当形成稳定的电子层时是不能再与其他原子化合的。但鲍林的量子化学观点认为，较重的惰性气体原子，可能会与特别易接受电子的元素形成化合物，而且这一观点在1962年被证实。

鲍林学识渊博、兴趣广泛，他不仅是在化学方面有着深入的研究，而且在科学的其他领域都有所探索。他曾广泛研究自然科学的前沿课题，还对古生物和遗传学也进行了深入的研究。1965年，他还提出了原子核模型的设想，这种模型有许多独到之处。

罗伯特·波义耳

罗伯特·波义耳是著名的化学家，曾被誉为化学科学的开山祖师。他出身于爱尔兰的贵族家庭，因此家庭条件十分优越，自幼受过良好的教育：8岁时就进入伊顿学校学习，11岁就能自如地使用法语和拉丁语，12岁又去法国、瑞典、意大利旅游和学习。4年后回

到英国居住在多尔塞特，对许多科学、哲学和神学等方面的书籍都有所涉猎。波义耳27岁时移居牛津，并建立了一个学术交流的组织，同胡克等许多知名科学家进行每周一次的学术交流，自称他们的聚会是一个"无形大学"。后来这个组织发展为世界首个学会组织——英国皇家学会，1663年该学会受英王查尔斯第二之许可，将会所设在了伦敦。

波义耳一直都相信弗·培根的唯物主义哲学和实验方法论，并在培根思想的熏陶下，在青年时就成立了自己的实验室。

在为人上，波义耳虽然出身贵族但温柔善良、蔼然有礼，尤其是十分重于友谊、重于情感，因此人们都很敬重他。在学术问题上，他能坚持真理，并且非常善于辩论。他曾经在姐姐卡培利娜·雷尼拉芙夫人的宴会厅里连续进行了三天的热烈辩论。当时在座的法国著名哲学家、数学家勒内·笛卡儿，是波义耳的一位强有力的辩论对手。

波义耳在提出任何观点时善于用实验事实为前提，因此很能服众，获得了科学家的普遍认同。波义耳在化学科学方面的重大贡献是多方面的，他明确地指出了研究化学的目的，也是第一个给元素科学定义的人，并且促进了古代微粒说的进一步发展。

拉瓦锡

拉瓦锡是法国著名的化学家，被称为"近代化学之父"，是燃素说的推翻者。

拉瓦锡的父亲是一名律师，拉瓦锡原本也是学法律的，在20

岁的时候就获得了法律学士学位,并且取得律师开业证书。由于家庭条件优越,拉瓦锡并不急于当律师,相反他对植物学产生了很大的兴趣,于是就经常去各地采集标本,在此过程中他对气象学也产生了兴趣。后来,拉瓦锡在他的导师、地质学家葛太德的推荐下,开始在巴黎知名的鲁伊勒教授的名下学习化学。

拉瓦锡的第一个贡献以及第一篇化学论文都是关于石膏化学成分的研究,他当时用硫酸和石灰合成了石膏,并加热石膏产生了水蒸气。拉瓦锡用天平仔细测量了不同温度下石膏失去水蒸气的质量。也正是因为这次实验的成功使拉瓦锡开始常常使用天平,也是在这些研究中,拉瓦锡研究出了著名的质量守恒定律。而质量守恒定律也成了他以后研究的一个重要依据,成为他进行定量实验、思维和计算的基础。比如他曾经应用这一定律,把糖转变为酒精的发酵过程表示为下面的等式:

葡萄糖 $=$ 碳酸 + 酒精

这也是现代化学方程式的雏形,用等号而不用箭头表示化学变化过程,也证实了他守恒的思想的切实体现。

拉瓦锡对化学的另一重大贡献是推翻了古希腊哲学家的四元素说和三要素说,客观地阐述了建立在科学实验基础上的化学元素的定义:"如果元素表示构成物质的最简单组分,那么现在我们可能难以判断什么是元素;如果与此相反,我们把元素与目前化学分析最后达到的极限概念联系起来,那么,我们现在用任何方法都不能再加以分解的一切物质,对我们来说,就算是元素了。"

约瑟夫·普利斯特列

约瑟夫·普利斯特列是英国著名的化学家，他于 1733 年 3 月 13 日出生在英格兰约克郡利兹市郊区的一个名叫菲尔德海德的农庄里。他对化学学科领域的研究基本都是围着气体而来的，对气体化学作出了很重要的贡献。

当时，科学家们把一切气体统称为空气，普利斯特列曾经做过很多实验去确定究竟有几种气体并反复验证。他认为，在啤酒发酵、蜡烛燃烧以及动物呼吸时产生的气体，就是早先人们所称的"固定空气"(实则二氧化碳)。他还对这种"固定空气"的性质做了深入研究，后经过反复实验证明，植物都是吸收"固定空气"，放出"活命空气"(实则氧气)。另外他还发现"活命空气"是一种可以维持生命的空气，而且不仅如此，它还能使物质更猛烈地燃烧。于是，普利斯特列想设法制取这种"活命空气"。

经过反复的试验，普利司特列虽然并没能制得"活命空气"，却发现了两种新气体：一氧化氮和二氧化氮。后来他在此基础上又继续试验，又发现了许多新气体并分别将它们命名为"碱空气"(氨)、"盐酸空气"(氯化氢)以及二氧化硫等。在此后的很多年中，普利斯特列始终致力于研究气体，并写成了《论各种不同的气体》一书，大大丰富了气体化学。

在有关气体化学的研究成果中，普利斯特列最重要的贡献就是对氧气的发现。1774 年，他用一个大型凸透镜(火镜)开始对某些物质在凸透镜聚光的高温下放出的各种气体进行反复的研究。他

研究的物质中有"红色沉淀物"（氧化汞）和"汞灰"亦称"水银烧渣"，也就是氧化汞。普利斯特列把氧化汞放在玻璃钟罩内的水银面上，用一个直径 30 厘米、焦距为 50 厘米的火镜，将阳光汇集在氧化汞上，很快就发现氧化汞被分解了并放出一种气体，这种气体将玻璃罩内的水银排挤出来，他把这种气体叫做"脱燃素的空气"。于是他运用一定的方法把这种气体收集起来，开始仔细研究其性质。在研究中他发现蜡烛会在这种空气中燃烧，火焰非常明亮。同时还发现老鼠在这种气体中生活的很正常，甚至比在等体积的普通空气中活的时间还要长。而且他还亲自尝试了一下，感觉这种空气使人呼吸轻快、舒畅，这就是"氧气"。

纵观普利斯特列的一生，从他 37 岁开始从事化学研究起就一直致力研究气体化学，直到终生。他曾分离并论述过的气体数量很多，超过了他同时代的任何人。可以说，他是 13 世纪下半叶的一位业余化学大师。

阿伏加德罗

在物理学和化学中，我们经常会听到一个概念，即一个非常重要的常数被称为阿伏加德罗常数。这个常数名称的由来则是取自于它的发现者阿伏伽德罗。阿伏伽德罗除了这一重大发现以外还创立了分子学说。

阿伏加德罗出生在意大利的一个世代相传的律师家庭，1800年他开始研究数学、物理、化学和哲学，并对此产生了很浓厚的兴趣。阿伏加德罗开始研究电的本性主要是受了 1799 年意大利物理

学家伏打发明的伏打电堆的启发。1803 年他和他兄弟费里斯联合向都灵科学院提交了一篇有关电的论文，受到了普遍的好评，第二年他被选为都灵科学院的通讯院士，正是这一荣誉促使他决定全身心投入科学研究。1806 年，阿伏加德罗被都灵科学院附属学院聘为老师，从此他开始了一边教学、一边继续研究的新生活。

阿伏加德罗定律是他的一个重大发现，这个定律的主要内容是在同一温度、同一压强下，体积相同的任何气体所包含的分子数都相同。这一定律是阿伏加德罗于 1811 年提出的，不过在 19 世纪，它并没有得到科学实验的验证，因此也没有被科学界所认可，这时人们往往把它称为阿伏加德罗的分子假说。等到假说得到科学的验证，被公认为科学的真理后，人们才把它称为阿伏加德罗定律。人们通过验证证实了在温度、压强都一样的情况下，1 摩尔的任何气体所占的体积都是一样的。例如在 0℃、压强为 760 毫米汞柱（1 毫米汞柱=133.322 帕）时，1 摩尔任何气体的体积都接近于 22.4 升，人们就可以从这里推算出：1 摩尔任何物质都包含 $6.02205×10^{23}$ 个分子，这一常数被人们称为阿佛加德罗常数，以此来纪念这位杰出的科学家。

虽然说阿伏加德罗生前十分谦逊，但是在逝世后却赢得了人们的普遍崇敬。1911 年，为了纪念阿伏加德罗定律提出 100 周年，人们在纪念日颁发了纪念章，出版了阿伏加德罗选集，还在都灵建成了阿伏伽德罗的纪念雕像并举行了隆重的揭幕仪式。人们经常用这样一句话来称赞阿伏加德罗："为人类科学发展作出杰出贡献的阿佛加德罗永远为人们所崇敬。"

琼斯·雅克比·贝采里乌斯

琼斯·雅克比·贝采里乌斯是瑞典的知名化学家，他于1779年8月20日出生在瑞典南部的一个叫做威菲松达的小乡村里。贝采里乌斯的出身非常贫寒，可以说是在逆境中长大的孩子。他的父亲曾是一位小学校长，但是在他出生不久就去世了。从此他就与母亲相依为命，生活十分艰难，于是母亲带着他改嫁了。后来，母亲与继父又生了一个小弟弟，叫做斯文，不幸的是，厄运再一次降临到他的头上，时隔不久，他的母亲又与世长辞。母亲死后，继父对这两个年幼的儿子毫不关心，所以，这一对异父同母的小兄弟成了名副其实的流浪儿。

俗话说："寒门出贵子"。贝采里乌斯虽然出身贫寒，但是他从小就非常聪明，虽然由于家庭条件的艰苦，他没有上学的优越条件，却能坚持认真自学。等他再长大一些时，他便带着弟弟来到了乌普萨拉，他们一边干活谋生，一边还始终坚持学习。他曾经为了攒够上学的钱到各种地方做工，曾经到医院里去给医生当帮手，还给人补过课。这样不停的节衣缩食、勤俭生活终于使他积攒了一些钱，而他就是利用到处做工赚来的钱进入乌普萨拉大学读书。虽然在大学里他所修的是医学专业，但在学习中却对化学产生了浓厚的兴趣，而且为了自己的兴趣他有意地结识了该大学的知名化学家约翰·阿夫采利乌斯教授，并用他强烈的求知欲和刻苦钻研的精神，深深地打动了这位教授。教授还为他破例，准许这名寒门弟子在实验室里自由地做各种化学实验。

一口气读懂化学常识

有了老师的这一有利条件，贝采里乌斯不仅做了许多电流对动物的作用的奇妙实验，还重点对矿泉水进行了分析研究。1302年，他终于在研究中取得了一定的成果，以他对矿泉水的出色研究获得了医学博士学位。

贝采里乌斯在发展化学中也作出了巨大的贡献，首先他接受了道尔顿原子论并对这一理论做出了一定的发展，并以氧元素作标准测定了40多种元素的原子量。而且他还是首次采用现代元素符号并公开了当时已知元素的原子量表的化学家。另外，他发现和首次制取了硅、铈、硒等元素，也是最先使用"有机化学"概念的科学家。同时他还提出了"电化二元论"，发现了"同分异构"现象并首先提出了"催化"概念等等。

贝采里乌斯在化学学科上的卓著成果，使他成为19世纪一位赫赫有名的化学权威。

勒沙特列

勒沙特列是法国著名的化学家，他曾经在巴黎洛兰学院、埃克勒工学院、矿业学院等多所学校上过学。他的贡献主要体现在冶金、玻璃、水泥、燃料等方面。

1854年，勒沙特列提出了著名的勒沙特列原理即化学平衡移动原理。这一原理的内容是：对于处于平衡状态的体系，假如改变影响平衡的浓度、压强、温度中的任一个条件，那么平衡就会向可以减弱这种改变的方向移动。依据这一原理，可以掌握各种条件变化对于化学平衡的影响。这一原理在化学实验，特别是在化学工程

中，为寻找最佳条件提供了理论基础。

另外，勒沙特列还发明了铂铑温差热电偶和光学高温计，制造了氧–乙炔切割器。

勒沙特列曾经受到很大的重视，他曾担任工程师，也曾任矿业学院以及巴黎大学教授，而且他还在第一次世界大战期间被任命为法国武装部长。

凯库勒

凯库勒是德国著名的有机化学家，他在化学中的主要研究方向是有机化合物的结构。

凯库勒在吉森大学获博士学位，曾经得到过著名化学家李比希等人的言传身教。他先后在海德堡大学、波恩大学以及比利时的根特大学中任教。

早年，他在之前科学家们的研究基础上发展了类型论，他指出分子的性质主要应该是由其类型决定，并计划建立一个有机物的整体的类型学说。在1857~1858年间，他又提出了一个重要理论，即有机物分子中碳原子为四价，而且可以彼此结合成碳链，为现代有机物结构理论奠定了基础。

他的另一重要贡献是在1865年发表论文《论芳香族化合物的结构》。在这次的论文中，他首次提出了苯的环状结构理论。这一理论促进了芳香族化学的发展和有机化学工业的进步，对于技术和经济进步的巨大推动作用也作了充分的体现。

凯库勒一生著述很多，在1929年柏林出版的由安许茨主编的

两卷凯库勒资料汇编，对他的生平、工作以及论文等进行了详细的叙述。

凯库勒曾任波恩大学校长和德国化学会主席，而且在他任教的时间里培养出了很多著名的化学家如拜尔等。1895 年，凯库勒被德国皇帝威廉二世赐予贵族封号。

玻　尔

玻尔是丹麦著名的化学家，于 1885 年 10 月 7 日出生在丹麦哥本哈根一个普通的知识家庭。由于受家庭的熏陶，玻尔从小就得到了良好的教育，造就了他宽广的知识视野，大学毕业后同卢瑟福共同开创原子科学的新时代。

玻尔于 1913 年提出了新的元子模型理论，这个理论是在总结了科学前辈普朗克的量子理论、爱因斯坦的光子理论和 E·卢瑟福的原子模型的基础上提出的新的理论，即后来的玻尔理论。这一理论的最大贡献就是成功地论证了氢光谱并排出了新的元素周期表。

玻尔的一生得到过很多荣誉，除诺贝尔物理奖外，还获得过英国、挪威、意大利、美国、德国、丹麦等各个国家给予科学家的最高奖赏。他所得到的各种学术头衔、名誉学位以及会员资格比任何一位同时代的科学家都多。他的一生就是不断地进取和创造，在为人类作出贡献的同时也为后人树立了光辉的榜样。

卢瑟福

卢瑟福是新西兰著名的物理学家，生于新西兰，曾就读于新西

兰大学和剑桥大学,长期在英国工作学习。他的化学贡献主要体现在对原子结构和放射性现象方面的研究,并取得卓越的成果。

卢瑟福于1899年在放射性辐射中发现了两种成分,并分别将它们命名为α-射线和β-射线,然后又发现了新的放射性元素钍。1902年,卢瑟福与英国化学家索第共同提出原子自然蜕变理论。1911年依据α-粒子的散射实验,即著名的卢瑟福实验,首先发现了原子核的存在,并通过研究提出了原子结构的行星模型。1919年,卢瑟福用α-粒子轰击氮原子而获得氧的同位素,实现了元素的首次人工嬗变,并发现了质子。1920年他提出了中子假说,并在1932年被查德威克所证实。1930年,他又通过大量的试验证实了α-射线为正离子流,β-射线为电子流。

卢瑟福不仅取得上述成就,他还曾在加拿大的马克岐尔大学、曼彻斯特大学、剑桥大学等著名学校任教,并培养出了很多科学家,如培养出玻尔、莫斯莱、查德威克等著名物理学家。

由于对放射化学的研究,卢瑟福获得了1908年的诺贝尔化学奖,1925~1930年任英国皇家学会主席,并于1931年被英王授予勋爵桂冠。

科 里

科里是美国著名化学学家,他在化学中的主要贡献就是提出了独特的有机合成理论——逆合成分析理论,使有机合成方法逐渐系统化并符合逻辑。同时他还将能够理论付诸于实践,根据这一理论编制了第一个计算机辅助有机合成路线的设计程序。他在

1990年获诺贝尔化学奖。

独特的有机合成法——逆合成分析法是科里在20世纪60年代发明的，为当时的有机合成理论增添了新的内容。与化学家们以前的做法并没有什么不同，逆合成分析法同样是从小分子出发通过一次次的尝试来研究它们可以构成什么样的分子。从目标分子的结构入手，对其中哪些化学键可以断开进行分析，从而可以将复杂大分子拆分成一些更小的部分，而这些小部分通常已有或容易得到的物质结构，如果用这些构造简单的物质作原料来合成复杂有机物就显得更容易了。

科里的这些研究成果使塑料、人造纤维、颜料、染料、杀虫剂以及药物等的合成变得简单易行，并且相关化学合成步骤可利用计算机来设计和控制。

最让人惊奇的是，科里还自己使用逆合成分析法，在试管里合成了100种常见天然物质，因为在此之前人们普遍认为天然物质是无法用人工方法来合成的。科里还通过这一方法合成了人体中影响血液凝结和免疫系统功能的重要生理活性物质，这项发明对人类具有重要的意义，研究成果可以使人们延长寿命，享受到更高层次的生活。

穆利斯

穆利斯是美国著名的科学家、化学家，他在化学中的主要贡献就在于发明了可以高效复制DNA片段的方法，即"聚合酶链式反应(PCR)"，并于1993年获奖。这项技术有很大的作用，使用该技术

能够从极其微量的样品中大量生产 DNA 分子，是研究基因工程的又一个全新的工具。

"聚合酶链反应"的技术是穆里斯于 1985 年发明的，这项技术几乎是具有里程碑意义的。这项技术由于能够大量生产 DNA 分子，因此能帮助许多专家把一个稀有的 DNA 样品复制成千百万个。而专家们通过这些复制样品既可以在生物上对人体细胞中的艾滋病病毒进行测试，诊断基因缺陷，还可以在实际生活中帮助侦探，因为这项技术能够从犯罪现场搜集部分血和头发进行指纹图谱的鉴定。此外，使用这项技术也可以从矿物质里制造出大量的 DNA 分子，方法简单、操作灵活。

"聚合酶链式反应"技术的整个过程是把相关的化合物倒在试管内，经过多次反复，不断地对其加热和降温。在反应过程中，还要再添加两种配料，一种是一对合成的短 DNA 片段，它的作用就是在相关基因的两端作"引子"；第二种配料是酶。当试管加热后，DNA 的双螺旋自动分为两个链，每个链出现"信息"，当降温的时候，"引子"会自动寻找它们的 DNA 样品的互补蛋白质，并把它们结合在一起。这就是这项技术的工作过程，这样的技术可以说是革命性的基因工程。

此外，科学家还通过 PCR 方法对一个 2000 万年前被埋在琥珀中的昆虫的遗传物质进行了扩增，可以说这都是"聚合酶链式反应"技术的作用，同时也是穆里斯的巨大贡献。

莫利纳

莫利纳是美国著名的化学家,由于 20 世纪 70 年代期间最先解释了关于臭氧层形成以及分解的过程及原理,与克鲁岑以及罗兰一起获得 1995 年的诺贝尔奖。关于臭氧层他指出,臭氧层对某些化合物非常敏感,如在我们的生活中的空调器和冰箱中所使用的氟利昂、喷气式飞机和汽车尾气中所含有的氮氧化物,都会导致臭氧层空洞的扩大。

后来莫利纳与罗兰又共同发现一些工业产生的气体同样消耗臭氧层。这一发现引起了很大的反响,直接引发了 20 世纪后期的一项国际运动,几乎全世界为了保护臭氧层都在限制含氯氟烃气体的大量使用。莫利纳还对这一发现进行了详细的理论阐述,通过大气污染的实验,科学家们发现含有氯氟烃的气体上升至平流层后,就会被紫外线的照射分解成氯、氟和碳元素。这时,每一个氯原子都会变得很活泼,在失去这些性能之前可以破坏将近 10 万个臭氧分子,但是莫利纳阐述这一理论时在科学的领域仍然掀起了一场大范围的争论。不过关于臭氧层的这一理论到了 20 世纪 80 年代中期终于得到了证实,在南极地区上空出现了所谓的臭氧层空洞,即臭氧层被耗尽的区域。

臭氧层对于人类来说具有非常重要的意义,它位于地球大气的平流层中,可以吸收大部分太阳紫外线,防止地球上的生物受到紫外线的损害。因此,正是莫利纳等表明了导致臭氧层损耗的化学机理,并找到了人类活动导致臭氧层减少的证据,保护臭氧层才逐

一口气读懂化学常识

渐受到人们的重视，并且在这些研究的推动下，保护臭氧层目前已经成为世界高度关注的重大环境课题。

柯　尔

柯尔是美国著名的科学家，他曾与同是美国的斯莫利以及英国的克鲁托在1996年获得诺贝尔化学奖，获奖原因就是他们发现的碳元素的第三种存在形式——C_{60}，又称"富勒烯"、"巴基球"。

有趣的是，这项发明却是受了1967年建筑师巴克敏斯特·富勒为蒙特利尔世界博览会设计的一个球形建筑物的启发，正是这个球形建筑物在18年后为碳族结构的研究提供了一个前提。因为在这个建筑中，富勒采用六边形和少量五边形制造出了一个"弯曲"的表面。而柯尔三人就假设含有60个碳原子的"C_{60}"中包含有12个五边形和20个六边形，每个角上有1个碳原子，这样的碳簇球与足球的形状相似。他们称这样的新碳球为"巴克敏斯特富勒烯"，在英语口语中这些碳球被叫做"巴基球"，这就是它的另两个名称的由来。

这种碳球是石墨在惰性气体中蒸发时形成的，它们通常包含有60或70个碳原子，于是围绕这些球，一门新兴的碳化学就发展起来了。碳化学的发展也有很大的实际应用意义，化学家们经过研究通过在碳球中嵌入金属和稀有惰性气体发现，用它们可以制成新的超导材料，也能够创造出新的有机化合物或新的高分子材料。

柯尔、克鲁托和斯莫利随后又觉得可以在富勒烯的结构中放入金属原子，这样或许可以改变金属的性能，在这方面的研究将稀

土金属镧嵌入富勒烯中是第一个成功的实验。

在富勒烯的制备方法中，如果再稍微加以改进，便可以从纯碳中制造出世界上最小的管——纳米碳管。这是一种微型管，直径非常小，大约1纳米，而且管两端能够封闭起来。这种碳管凭着它独特的电学和力学性能，在电子工业中将会有很大的应用。

在3位科学家制得富勒烯后的6年中，已经合成了1000多种新的化合物。这些化合物的各种性能如化学、光学、电学、力学或生物学方面都已得到充分的肯定。不过由于富勒烯的生产成本太高，因此限制了它们的应用。

现在仅仅有关富勒烯的专利就已经有100多项，由此可见富勒烯的重要意义，也表明了柯尔对化学的贡献。但是科学是无止境的，科学家们仍需继续探索，以使富勒烯在工业上可以得到更大规模的应用。

因斯·斯寇

因斯·斯寇是丹麦著名的科学家、化学家，他在1997年美国的科学家保罗·波耶尔以及英国的科学家约翰·沃克因为化学上的重大研究一起获得了诺贝尔化学奖。人们用这一无上荣誉来表彰他们在生命的能量货币——腺三磷的研究上的重大突破。

因斯·斯寇在化学上的贡献首先在于他最先描述了离子泵，他指出离子泵其实就是一个驱使离子通过细胞膜定向转移的酶，这是所有的活细胞的一种基本的物质。后来，他通过有关实验又证明了细胞中存在好几种类似的离子泵，直到他发现了钠离子、钾离

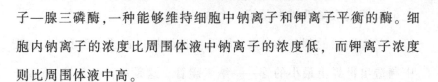

子—腺三磷酶，一种能够维持细胞中钠离子和钾离子平衡的酶。细胞内钠离子的浓度比周围体液中钠离子的浓度低，而钾离子浓度则比周围体液中高。

钠离子、钾离子—腺三磷酶还有其他种类的离子泵对我们的身体有很重要的意义，因为它们在我们体内不断地工作，我们才可以感知一切事物。假如它们停止工作，我们的细胞就会慢慢膨胀起来，甚至胀破，随后我们马上就会失去知觉。

由于驱动离子泵不断的工作，需要很多的能量，而人体产生的腺三磷中，大概1/3用于离子泵的活动，因此因斯·斯寇等的贡献有很重要的意义。

艾哈迈德·泽维尔

艾哈迈德·泽维尔是埃及著名的科学家，于1946年2月26日出生在埃及，后在美国亚历山德里亚大学以及宾西法尼亚大学读过书，先后获得理工学士、硕士学位和博士学位。毕业后，他于1976年开始在加州理工学院任教，1990年成为加州理工学院化学系主任，如今在科学界享有极高的盛誉，已经是美国科学院、美国哲学院、第三世界科学院、欧洲艺术科学和人类学院等多家科研组织的会员。

为了表彰泽维尔在科学上所取得的伟大成就，1998年埃及还特别发行了一枚印有他本人头像的邮票。

由于在化学方面的成就，泽维尔荣获1999年的诺贝尔化学奖，以表彰他在化学科学中的重要发现。他的贡献主要在于利用超短

激光闪光成照技术观看到分子中的原子在化学反应中的运动方式,这个重大发现帮助人们理解和预知重要的化学反应,从而为整个化学及其相关科学带来了一场革命。

其实早在20世纪30年代有的科学家就猜测到化学反应的模式,但当时的技术条件却无法将这种猜测进一步证实。到了80年代末,泽维尔教授通过一连串的试验,使用可能是世界上速度最快的激光闪光照相机终于拍摄到一百万亿分之一秒瞬间处于化学反应中的原子的化学键断裂和新化学键形成的过程。这种照相机用激光以几十万亿分之一秒的速度闪光,能够拍摄到反应中一次原子振荡的图像。他把这种物理化学叫做飞秒化学,飞秒即毫微微秒,是一秒的千万亿分之一,即用高速照相机拍摄化学反应过程中的分子,用它拍摄得到的在反应状态下的图像,用微观来研究化学反应。而且在一般情况下,关于原子和分子的化学反应的过程人们是无法看到的,而现在我们可以借助泽维尔教授在80年代末发明的飞秒化学技术观测单个原子的运动过程。

实际上,泽维尔在实验中所运用的超短激光技术或者说飞秒光学技术,就像我们经常在电视节目里通过慢动作来观看足球赛精彩镜头那样,他的研究成果能够让人们通过"慢动作"观察处于化学反应过程中的原子与分子的变化过程。这种技术的发明从根本上改变了我们对化学反应过程的认识。

总之,科学家泽维尔用自己伟大的试验成果给化学也给其他相关的各种科学领域带来了一次具有非常意义的革命,他通过"对基础化学反应的先驱性研究",使人类能够研究和预测重要的化学

一口气读懂化学常识

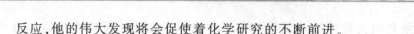

反应,他的伟大发现将会促使着化学研究的不断前进。

威廉·诺尔斯

威廉·诺尔斯是美国著名的科学家,他曾在 2001 年与日本科学家野依良治和美国科学家巴里·夏普雷斯一起获得当年的诺贝尔化学奖。人们用这一重要奖项来表彰他们在不对称合成方面所取得的重大成就,这三位化学奖获得者为合成具有新特性的分子和物质开辟了一个全新的研究领域。他们所取得的成果一直到现在仍然发挥着很重要的作用,比如抗生素、消炎药以及心脏病药物等,都是根据他们的研究成果制造出来的。

瑞典皇家科学院的新闻报刊曾经提出过,很多化合物的结构其实都是对称性的,并将这种对称性比喻成人的左右手,因此又被称为手性。而药物也同样存在这种特性,某些药物成分往往被分为两个对立面,一部分有治疗作用,而另一部分不但没有药效甚至有毒副作用。而且这些药是消旋体结构,它的左旋与右旋共同存在于同一分子结构中,但是这一观点也使人们开始认识到将消旋体药物拆分的必要性,而诺尔斯等 2001 年的化学奖得主就是在这方面作出了巨大贡献。他们使用特定的对映体试剂或催化剂,将分子中没有作用的一部分剔掉,只利用其中有效用的一部分,就像分开人的左右手一样,分开左旋和右旋体,再把有效的对映体作为新的药物,这就是不对称合成。

在这个重要贡献中,诺尔斯的贡献是在 1968 年发现的能够使用过渡金属来对手性分子进行氢化反应,以取得具有所需特定镜

像形态的手性分子。他的研究成果很快就在工业应用中发挥了作用，例如在治疗帕金森病的药 L-DOPA 就是依照诺尔斯的研究成果制造出来的。

后来，野依良治在诺尔斯以上的研究基础上又对映性氢化催化剂做了进一步改良，而夏普雷斯则是由于发现了另一种催化方法——氧化催化而获奖。他们的发现开辟了分子合成的新领域，对学术研究和新药制造都具有十分重要的意义。最重要的是，他们的发现具有很大的实用性，所取得的相关成果已被应用到心血管药、抗生素、激素、抗癌药及中枢神经系统类药物的研制上。目前，手性药物的治疗效果早已得到了证实，几乎是原来药物的几倍甚至几十倍，在合成中引入生物转化已成为制药工业中的重要技术。

葛 洪

葛洪（284~364）是中国古代东晋时期的道教学者、著名炼丹家、医药学家。他曾受封为关内侯，后辞官隐居罗浮山炼丹。他的著作主要有《神仙传》、《抱朴子》、《肘后备急方》、《西京杂记》等。其中丹书《抱朴子·内篇》具体地描写了炼制金银丹药等多方面的内容，也介绍了许多物质性质和物质变化，其实这都是有关化学的知识。例如书中的"丹砂烧之成水银，积变又还成丹砂"，它所指的就是加热红色硫化汞（丹砂），分解出汞，而汞加硫磺又能生成黑色硫化汞，再变为红色硫化汞。这里所介绍的就是化学反应的可逆性。又如"以曾青涂铁，铁赤色如铜"，就描述了铁置换出铜的反应等等，这些都属于早期的化学学科。

在封建社会里，贵族官僚为了能够永远享受骄奢淫逸的生活，就希望可以长生不老。而这时候有些人为了迎合贵族就炼制出"仙丹"来满足他们的奢欲，于是就形成了炼丹术并逐渐风行起来。炼丹的人通常是把一些矿物放在密封的鼎里，然后用火来烧炼。而矿物在高温高压下就会发生化学变化，产生出新的物质来。其实世界上根本没有长生不老，所谓的长生不老仙丹只是剥削阶级的幻想，当然是炼不出来的。但是人们却在炼丹的过程中，发现了一些物质变化的规律，这就成了现代化学的萌芽。当时，葛洪炼制出来的药物有密陀僧（氧化铅）、三仙丹（氧化汞）等，这些都可以作为原料制作一些外用药物。

化学反应的可逆性是葛洪在炼制水银的过程中所发现的，他在实践中发现，对丹砂（硫化汞）进行加热，可以炼出水银，而水银和硫磺化合，又能变成丹砂。而且另一种实践也可以证明，就是他用四氧化三铅可以炼得铅，铅也能炼成四氧化三铅。在葛洪的著作中，还记载了雌黄（三硫化二砷）和雄黄（五硫化二砷）加热后升华，直接成为结晶的现象，这些都证明了化学反应中的可逆现象。

此外，葛洪在药物上作出了很大的贡献，他提出了不少治疗疾病的简单药物和方剂，并且其中很多都已经被证实是特效药，如治疗关节炎很有效的松节油，治疗皮肤病的铜青，雄黄有很强的杀菌作用以及艾叶中含有可以挥发的芳香油可以消毒，密陀僧可以防腐等等。

因此，从葛洪的身上，我们可以看到科学与宗教之间并没有严格的对立，作为一个道士，葛洪早在 1500 多年前就发现了这些药

物的效用，可以说作出了很大贡献。

黄鸣龙

黄鸣龙（1898~1979）是中国有机化学家，江苏扬州人。1918年毕业于浙江医院专科学校，1938年开始从事甾体化学的研究，为中国有机化学的发展和甾体药物工业的建立以及科技人才的培养作出了突出贡献。

黄鸣龙于1945年在美国从事凯西纳-华尔夫还原法的研究中取得突破性成果，国际上将这项发明称为黄鸣龙还原法。而且他还领导了用七步法合成可的松的研究，并使它很快地运用到实践中，协助工业部门投入了生产。此外领导了研制甲地孕酮等计划生育药物的工作，为建立甾体药物工业作出了重大贡献。由于对甾体合成和甾体反应的研究，黄鸣龙于1982年获国家自然科学奖二等奖。

黄鸣龙数十年如一日忘我的战斗在科研第一线，为中国社会主义建设事业作出了重大贡献，并培养了大批科研骨干。他所发表的研究论文近百篇，其中综述和专论近40篇。

侯德榜

侯德榜是中国著名的化工专家，字致本，1890年8月9日生于福建省闽侯县坡尾乡一农民家庭，1974年8月26日卒于北京。

侯德榜在上学的时候就表现出了他过人的智慧，在清华留学预备学堂学习高等科学时，曾以10门课获得满分1000分的成绩毕

一口气读懂化学常识

143

业,不管是过去还是现在甚至是未来都是许多学生望尘莫及的,也曾因此被范旭东称为"国宝"。

侯德榜从小就志向远大,因此学习特别认真,他 1917 年在美国麻省理工学院化工专业毕业,获学士学位。正如他曾经所说的一样:"要当一名称职的化学工程师,至少要对机、电、建筑内行。"因此在他毕业后就不断往这方面发展,他先后在美国水泥、硫酸、染料、电化等工厂实习。在实习的同时还不停继续学习深造,于是在 1919 年获美国哥伦比亚大学制革硕士学位,1921 年获博士学位。1921 年 10 月回国后,他在中国化工工业开拓者范旭东开办的天津塘沽碱厂里担任总工程师。

1951 年侯德榜被任为中国化学会理事长,1955 年被选为中国科学院学部委员,也就是现在所称的中科院院士,1958 年 9 月任中国科协副主席,后又与 1963 年任中国化工学会理事长。

侯德榜的一生几乎将全部精力都用在科技工作和科学研究上,他常用"勤能补拙"激励青年人。而且他还具有非常强的民族自尊心和自信心,他的口头禅就是:"难道黄头发绿眼睛的人能搞出来,我们黑头发黑眼睛的人就办不到吗!"在科技上,他发明了重要的联合制碱法,这项发明是我们中国的骄傲,为中华民族赢得了荣誉,也为中国化学工业作出了巨大的贡献。

总之,侯德榜一生功绩显著,最主要的就是对中国化学工业的发展所作的巨大贡献,他被誉为是中国近代化工工业的奠基人,世界制碱界的权威。他一生共荣获 20 多项荣誉,发表过的著作和论文也数不胜数,曾撰写过《从化学家观点谈原子能》、《制碱工学》等

一口气读懂化学常识

10 余部著作,发表过的论文达 60 多篇。由于他的突出贡献,他的塑像还被立于北京化工大学院内,为后人敬仰。

戴安邦

戴安邦是中国知名的无机化学家、化学教育家,1901 年 4 月 30 日生于江苏省丹徒县。1924 年在南京金陵大学化学系毕业,1928 年赴美留学,进入纽约哥伦比亚大学得化学系进行攻读,并于 1929 年获硕士学位,1931 年获博士学位后回国。

戴安邦还是中国化学会的发起人之一,并在 1934 年为该会创办《化学》杂志(《化学通报》前身),任总编辑 17 年,对普及化学教育、提倡化学研究和推广化学应用作出了重大贡献。

戴安邦致力于化学教育事业和科学研究 70 年,培育了中国几代人才。在化学的教育上,他对启发式教学和全面的化学教育有着自己非常独特的精辟的见解并且以身力行,影响深远。在化学上的教育贡献就是研究与培养结合在一起。他一贯从实际出发选择研究课题,并在实际问题中进行基础理论的研究,把解决实际问题、发展学科和培养人才三者有机的融合为一体,取得了颇为丰硕的成果。他在学术上的重要成就是开拓了配位化学的工作,是我国配位化学的奠基人之一。

戴安邦十分重视实验教学,他认为化学是一门实验科学,因此如果要学好化学特别需要从实验入手。在化学的教育中,戴安邦认为化学的感性知识主要靠化学实验提供,因此学生的化学学习就是实验,而化学课的实验作业也成为学生的实习活动,这样才能使

学生始终处于主动积极地位，并且在实验室里他们能学习各种动手的技能。戴安邦还尤其注重训练学生由实验结果求得的结论，解决问题，即由感性认识求得理性知识的能力。

他在化学学术上的成就就是对配位化学的开拓了。配位化学是在无机化学的基础上发展起来的一门新兴边缘学科，它所研究的内容已远远超出了经典无机化学的范围，已经成为当今化学学科的前沿领域之一。其实早在20世纪20年代末，戴安邦在进行对高价金属羟化物水溶胶的研究中就已经使用了配位化学的观点。50年代末，他看到了经典无机化学的现代化，新型配合物的大量涌现以及这些化合物结构和反应机理研究的成功，尤其是配位场理论的创立，促使着维尔纳配位理论又有了新的发展。

戴安邦是中国最早进行配位化学研究的科学家之一，他长期致力于无机化学和配位化学的研究工作。他所取得的成就除了1932年发表的"氧化铝水溶胶的本质"的博士论文之后，还对很多元素如硅、铬、钨、钼、铀、钍、铝、铁等多核配合物化学，进行了系统的研究。

卢嘉锡

卢嘉锡是我国著名的科学家，同时还是我国结构化学的奠基人之一。他于1915年10月出生于厦门市，曾任中国科学院院长。他在化学上的贡献就是早年所设计的等倾角魏森保单晶X射线衍射照相的Lp因子倒数图，被国际X射线结晶学界载入国际X射线晶体学手册，被誉为"卢氏图"，并被普遍运用几十载，直到现在被

电子计算机所取代。

卢嘉锡曾在非线性光学晶体新材料探索研究中，提出了性能敏感结构的新概念。他还组织多学科的队伍，发现了优秀的新型无机类芳香性紫外倍频晶体低温相硼酸钡（BBO），其实含有四个过渡金属原子。而且他还是在国际上首先提出了两个网兜状福州模型的科学家，而后又提出了一种新双氮分子络合活。

1945年末，卢嘉锡回到祖国，用自己的所学呕心沥血，为祖国培养了一大批英才，并在1956年被列我国首批最年轻的一级教授行列。20世纪60年代初，在他的带领下福州大学和中科院福建物质结构研究所创立，并获取很多重大科研成果。

卢嘉锡还曾经研究过渡金属原子簇化合物，这项研究是结构化学领域中高深的基础理论，在国际上很少有人去研究，但是一旦突破，将对国计民生有重要的实际意义。于是，卢嘉锡于1971年便提出化学模拟生物固氮设想，不久又和蔡启瑞教授分别提出固氮活性中心的原子簇模型与厦门模型。就这样，我国学者关于固氮活性中心的原子簇模型设想，早于西方发达国家4年。

"文化大革命"之后，卢嘉锡又率领物构所的研究人员开始了过渡金属原子簇的研究，并经过不懈的努力合成和表征了几十种原子簇化合物，还因此获得中科院科研成果一等奖。同时他所指导组织研究的"BBO"（低温相偏硼酸钡）也曾荣获中科院科持成果特等奖，并在全世界造成了深刻的影响，被誉为新中国成立以来的中国人按自己科学思想创造的"中国牌"晶体材料。

总之，卢嘉锡曾倡导并主持开展我国过渡金属原子簇化学研

究,合成和表征的不同构型的原子簇化合物达 300 多种,对化学事业作出了很大的贡献。

唐敖庆

唐敖庆(1915~2008),江苏宜兴人,是中国著名的理论化学家、教育家和科技组织领导者。

唐敖庆主要成就就是在组建理论化学队伍和研究机构中所做出的业绩。最重要的是,他开拓了中国理论化学的研究,而且在众多领域配位场理论、分子轨道图形理论、高分子反应统计理论等都取得了一系列杰出的研究成果,对中国理论化学学科的奠基和发展作出了贡献。

唐敖庆是中国量子化学的主要开拓者,他长期致力于化学研究,始终能够及时得把握国际学术前沿的新动向,并不断地拓新课题,为赶超国际学术先进水平取得一系列的卓越成就,并且在分子设计和合成新材料方面已经或即将产生其深远的影响。

20 世纪 60 年代初,唐敖庆对三维旋转群到分子点群间的耦合系数作出了成功的定义,并建立了一套完整的从连续群到分子点群的不可约张量方法, 对配位场理论中的各种方案进行进一步的整理和统一,并提出了新的方案。

70 年代初,唐敖庆又提出了三条定理,这三条定理分别为本征多项式的计算、分子轨道系数计算和对称性约化。这些定理的提出,使这一量子化学形式体系,不论计算结果还是对有关实验现象的解释都可表达为分子图形的推理形式。唐敖庆的这些定理概括

一口气读懂化学常识

性高、含义直观、简便易行、深化了对化学拓扑规律的认识。此外，唐敖庆还将这一成果进一步应用到具有重复单元分子体系的研究中去，并得到规律性很好的结果。

近10多年来，唐敖庆仍然对化学保持着高度的热情，同时还在其他新领域开展科学研究，并取得了可喜成果。唐敖庆和他的合作者们在高分子统计理论研究的基础上，开拓了一个新领域，即高分子固化理论和标度研究。他对各类交联和缩聚反应过程中，凝胶前和凝胶后的变化规律做了详细而系统分的介绍和概括。他的这一研究具有很重要的实用意义，解决了溶胶凝胶的分配问题，并提出了有重要应用价值的各类凝胶条件。特别是从现代标度概念出发，从本质上揭示了溶胶—凝胶相转变过程，得到了标志这一转变的广义标度律，目前正深入研究高分子固化的表征问题。

唐敖庆的科学成就，使他在国内外获得了很高的盛誉，并于1993年和1995年分别获得陈嘉庚化学奖和何梁何利基金科学与技术成就奖。

吴学周

吴学周，江西萍乡人，是中国知名化学家。他于1924年在南京高等师范学校数理化部毕业，同年冬毕业于东南大学化学系。1931年又毕业于美国加州理工学院并获得博士学位，1948年选聘为中央研究院院士。

20世纪30年代初期在量子力学蓬勃发展的基础上，其他相关学科也不断地发展起来。因为量子力学发展的实验基础正是原子

光谱,所以学术思想活跃的年轻人吴学周锐敏地感到,分子光谱研究将是未来重要的前沿领域。因此,他开始转变自己的学习和研究方向,自学了量子力学,逐步把自己的研究目标转到分子光谱领域,并与该校的贝杰教授合作,开展多原子分子的吸收光谱研究。他把光谱数据与分子结构及热力学参数关联起来,开拓了分子光谱的研究和应用领域,并且自己动手设计实验装置,对乙炔、乙烯、乙氰、两烷、氨、碘甲烷和乙醛等 14 种气体的远红外光谱都分别作了一定的测试。他的这些工作终于受到了国际学术界的关注。

吴学周是我国最早在分子常数和热力学函数计算中运用光谱数据的光谱学者。他在开展光谱基础研究的同时,还注意了这门学科在其他相关学科如物理化学等学科研究中的应用。此外他还开展了红外与紫外在化学反应中的应用,开创了我国多原子分子光谱研究的新局面。他的很多研究工作都可以说是对国际化学界作出了贡献。

吴学周除了在化学学科中的众多成就以外,他在化学史上还有另一个重大贡献是成立中国科学院应用化学研究所。1954 年他带领上海物理化学研究所的 30 多名科技人员来到长春,与长春综合研究所合并,就是现在的中国科学院应用化学研究所,他被任命为所长。

关于如何办好一个研究科,吴学周认为,首先要抓三件大事:一是选择好研究课题;二是要有一支训练有素具有高科学水平的研究队伍;三是具备良好的实验设施。问题的关键就在于确立正确的研究方向。于是在确立研究方向上他经历了很长时间的思量,在

国内外经验借鉴基础上,根据国家建设的需要和科研发展的趋势,不断地调整对该所的研究方向。先后建立了超纯物质及稀土元素分析、辐射化学和激光化学等10余个新的研究室,目前的中科院长春应用化学研究所已经逐渐形成了4个重点研究课题,包括无机化学、分析化学、物化与结构、有机高分子。同时还先后组织力量在其他方面如合成橡胶、塑料、粘胶剂、稀土材料、电分析化学、有机结构、痕量分析、催化和激光分离同位素等进行攻关,也取得很大的成绩。

吴学周在建所和研究工作的业绩和成就是无人能比的,正如1983年10月31日他逝世后,他在德国的朋友、诺贝尔奖得主G·赫兹堡教授从加拿大打来的唁电中所写:"他在应用化学方面的后期工作,包括长春(应化)所的建立,将成为他事业的丰碑。"

邹承鲁

邹承鲁是中国著名的生物化学家。他是江苏省无锡县人,1923年生于山东省青岛市,1941年重庆南开中学毕业。由于对化学十分感兴趣,在上学时很自然地选择了化学专业,1945年毕业于西南联大化学系,1951年在英国剑桥大学毕业,并获得生物化学博士学位。

邹承鲁主要的贡献体现在生物化学方面,他的成就主要有:发现了纯化的细胞色素C与在线粒体结合时性质的差异;对呼吸链酶系也进行了深入的研究,奠定了我国酶学研究的基础;在胰岛素人工合成中对A链及B链进行拆合,从而确定了合成路线;还创立了自己的"邹氏公式"和作图法，是根据蛋白质必需基团的化学修饰和活性丧失所做出来的定量关系公式和作图法；发明了一种关于酶作用不可逆抑制动力学理论和反应速度常数测定的新方法，并得到国际上的广泛采用。

此外，邹承鲁院士还做出了另一个开创性的工作，即证实了酶活性的必要性。因为在细胞色素 b 的三相还原中，胰岛素 A 链及 B 链本身含有形成完整分子的必要信息，那么在弱变性条件下酶活性会丧失先于分子整体的构象变化，因此酶活性部位具有较高柔性并为酶活性所必需。

邹承鲁在化学中的贡献是不可估量的，仅是在国内外重要杂志发表的研究论文就多达 200 余篇。由于在生物化学领域内的贡献，他于 1992 年获第三世界科学院生物学奖。他所发明的人工合成胰岛素及蛋白质必需基团的化学修饰和酶活性丧失的定量关系工作，也分别获第二次和第三次国家自然科学一等奖，其中蛋白质必需基团的化学修饰和酶活性丧失的定量关系工作还曾获得 1989 年陈嘉庚奖。

邹承鲁在科学上的重大贡献已经载入史册，并且应外国朋友的邀请，其自传已在《综合生物化学》37 卷《生物化学史》中发表。

一口气读懂化学常识

生活中的化学现象篇

主在中小的学习成系

化学在生活中的运用

随着生产力的发展,科学技术的进步,化学作为一门学科也有了很深远的发展,而且与人们的生活也联系得越来越密切。

由于有了化学,我们的住房装饰才能多姿多彩,我们可以利用化学里的知识,用生石灰浸在水中成熟石灰,熟石灰涂在墙上后成洁白坚硬的碳酸钙,可以将泥土的黄色覆盖,房子才显得整洁明亮。可以说,化学的作用无处不在,通过化学的运用,我们可以炼出钢铁,然后才能制成铁制品;有了化学加工石油,我们才能用上轻便的塑料;有了化学煅烧陶土,才能使房屋有漂亮的瓷砖表面。

同时,化学反应也是交通工具得以行驶的动力,因为如果没有燃料的燃烧放出热量,车辆根本就无法行驶。化学能是它们得以行动的最原始的能量来源,即使现在的车辆有的采用了电能动力,也不能磨灭化学巨大的贡献。即使是现在,化学仍是交通工具的生命,仍对人们的出行起重大作用。

总之,化学无时不在人们生活的各种活动中,而且在人类的生产和生活中发挥了不可估量的作用。

醋的妙用

俗话说:"开门七件事,柴米油盐酱醋茶。"醋已经成为我们生活中必不可少的必备品,那么除了可以用来做调料以外,醋还有哪些其他的功能呢?关于醋在生活中的妙用,主要归纳为以下几个方面:

（1）在洗澡的时候，如果在温热的洗澡水中加一些醋，洗浴后会感觉十分凉爽、舒适。

（2）将醋与甘油以5:1的比例混合在一起，涂抹在皮肤上，这样可以使皮肤变得更加细嫩。

（3）醋在洗涤绸缎等丝织品的时候也有一定的妙处，如果在水里加少量醋，可以保持丝织品原有的光泽。

（4）毛料裤子如果经常摩擦就会很容易变白发亮，这时在晾干后蘸上醋水（一半醋一半水）轻搓一会，然后盖上一块干布，用熨斗熨烫，就能把那些亮迹去掉。

（5）如果不小心在衣服上沾染了颜色或水果汁污迹，用几滴醋轻搓一会，就能去掉。

（6）写毛笔字的时候，用醋磨墨，写出来的字又黑又亮，而且不易褪色。

（7）在清洗玻璃或者家具的时候，如果在清水中加一点醋，则会洗得更加干净。

（8）用滴有少量醋的淘米水洗涤新买的漆器家具，可除去强烈的漆味。

（9）当铜器、铝器用旧了的时候，可以先用醋涂一遍，晾干后再用水洗，这样就容易擦掉污垢。

（10）雨伞脏了，先往杯子里倒一点洗涤灵，接着倒半杯白醋，然后兑水到杯子满，把液体搅拌一下，用刷子沾液体刷洗就可以轻松除去雨伞污垢了。

"笑气"的使用

"笑气"的学名叫做氧化亚氮,是一种无色有甜味的气体,化学式为 N_2O。它是一种氧化剂,因为它在高温情况下能够分解成为氮气和氧气,因此在一定条件下能支持燃烧。不过在室温下则表现的很稳定,有轻微麻醉作用,并能致人发笑,能溶于水、乙醇、乙醚及浓硫酸。

笑气的麻醉作用于 1799 年由英国化学家汉弗莱·戴维发现的。该气体的麻醉作用在早期主要被用于牙科手术的麻醉,是人类最早应用于医疗的麻醉剂之一。它通常都是由 NH_4NO_3 在微热条件下分解产生,其反应的化学方程式为:$NH_4NO_3 \xlongequal{\quad} N_2O\uparrow + 2H_2O$。在等电子体理论中,通常认为 N_2O 与 CO_2 分子具有相似的结构(包括电子式),则其空间构型是直线型,N_2O 为极性分子。

不过由于笑气的麻醉作用只是微麻,全麻效果差,现在已经很少用了,目前常与氟烷、甲氧氟烷、乙醚或静脉全麻药合用。氧化亚氮(N_2O)用于麻醉对人体并没有很大的危害,对呼吸道无刺激,对心、肺、肝、肾等重要脏器功能也没有任何损害。因为它在体内不会经过任何生物转化或降解也没有蓄积作用,绝大部分仍以原药随呼气排出体外,就算有遗漏的仅小量也会由皮肤蒸发出去。笑气一般吸入体内只需要 30~40 秒 即产生镇痛作用,镇痛作用强而麻醉作用弱,与麻醉不同的是受术者处于清醒状态,这就避免了全身麻醉并发症,术后恢复的也就快了。

在使用笑气时应注意以下事项:

(1)如果在大手术中使用的话,就需配合硫喷妥钠及肌肉松

弛剂等；而且吸入气体中氧气浓度不应低于20%；在麻醉终止后，还要吸入纯氧10分钟，以防止缺氧。

（2）虽然说氧化亚氮危害很小，但是对一些特殊的病人如有低血容量、休克或明显的心脏病时，也可能会引起严重的低血压。另外，氧化亚氮对有肺血管栓塞症的病人可能也会有害。

铝对人体的危害

事实上，铝并不是人体的必需元素，当人体缺乏铝时，并不会给人们造成什么影响；反之，如果过量的铝进入人体还会带来很大毒害作用，尤其是铝盐能致人体中毒。而且可溶性铝化合物对大多数植物都是有毒的。

当铝盐进入人体的时候，它首先会在大脑内沉积，沉积的时间越长就越有可能导致脑损伤，从而造成严重的记忆力丧失，这是老年性痴呆症特有的症状。

那么铝元素的过量摄入具体有哪些危害呢？

（1）摄入过量的铝对骨骼有害。

（2）摄入过量的铝，能够对大脑造成损伤。

（3）铝元素吸收多了，就会在肝、脾、肾等部位形成集聚。当积聚量超过5~6倍时，就会抑制消化道对磷的吸收作用，还会抑制胃蛋白酶的活性，妨碍人体的消化吸收功能。摄入过量的铝还会通过影响肠道对磷、钙、贴等元素的吸收作用使人食欲不振和消化不良。

因此，我们在生活中一定要注意不可摄入太多的铝，尽量不用铝制品做炊具，少吃油条等含铝盐添加剂较多的食物。

赤潮的产生

赤潮作为一种复杂的生态异常现象，它的发生是由多方面引起的。关于赤潮发生的机理虽然至今尚无定论，但是促使它发生的因素还是有些定论的。

赤潮发生的首要条件就是赤潮生物增殖要达到一定的密度，否则，就算其他因子都适宜，也不会发生赤潮。虽说在正常的理化环境条件下，在浮游生物种赤潮生物所占的比重并不大，而且有的还会成为鱼虾等的食物如鞭毛虫类或者甲藻类，因此形成赤潮的几率就很小。但是由于特殊的环境条件，还是有某些赤潮生物过量繁殖，便形成赤潮。大多数学者认为，赤潮发生与下列环境因素密切相关：

首先，海水富营养化是赤潮发生的物质基础和首要条件，由于城市工业废水和生活污水过多地排入海中，使营养物质在水体中副集，造成海域富营养化。因此，水域中增加了很多氮、磷等营养盐类，铁、锰等微量元素以及有机化合物的含量，从而促进赤潮生物的大量繁殖。

除了环境因素的影响，还有一些有机物质也会促使赤潮生物急剧增殖。如用无机营养盐培养简裸甲藻，生长不明显，但是如果加入酵母提取液，生长就会显著，加入土壤浸出液和维生素 B_{12} 时，光亮裸甲藻生长特别好。

赤潮的危害

"赤潮"，曾经被喻为"红色幽灵"，国际上也称其为"有害藻

一口气读懂化学常识

159

华",它是海洋生态系统中的一种异常现象。它是由海藻家族中的赤潮藻在特定环境条件下爆发性地增殖造成的。 赤潮发生后，除海水变成红色外，还会产生一系列的危害：

（1）大量赤潮生物会集聚于鱼类的鳃部，使鱼类因缺氧造成窒息而死亡。

（2）赤潮生物死亡后，藻体会因此而分解，但是在分解过程中会消耗掉水中大量的溶解氧，同样会导致鱼类及其他海洋生物因缺氧而死亡，同时还会有大量有害气体和毒素被释放出来，给海洋的环境带来严重的破坏，从而造成海洋的正常生态系统的严重破坏。

（3）非赤潮藻类的生物的衰减。在赤潮发生的同时也会造成海水的 pH 值升高，黏稠度增加，很多非赤潮藻类的浮游生物也会因此而死亡、衰减。

国内外大量研究表明，引发赤潮的主要生物海洋浮游藻在全世界 4000 多种中有 260 多种能形成赤潮，其中有 70 多种都会产生毒素。这种毒素有很大的毒害作用，他们有些可直接导致海洋生物大量死亡，有些甚至可以通过食物链传递，造成人类食物中毒。

氯化铵在生活中的运用

如果在氯化铵的饱和溶液中浸泡一块很普通的棉布，等待片刻后，然后将棉布取出晾干就会变成防火布了。我们可以用火柴点燃这块经过氯化铵浸泡处理的棉布，你会发现不仅点不着，而且还会冒出白色的烟雾。你知道为什么会出现这种现象吗？

其实秘密就藏在氯化铵中,在经过浸泡处理后的棉布的表面上沾满了氯化铵的晶体颗粒,而氯化铵这种化学物质的特性就在于热稳定性很差,它在受热后容易发生分解,分解出氨气和氯化氢气体,而这两者恰恰都是不可燃烧的气体。其反应方程式如下:

$$NH_4Cl == NH_3\uparrow + HCl\uparrow$$

所以说,如果棉布被这两种气体与空气隔绝开来,在没有氧气的条件下当然就不可以燃烧了。那么,白色的烟雾是怎么回事呢,当这两种气体保护棉布不被火烧的期间,它们两者又在空气中相遇在一起,重新化合而成氯化铵小晶体,这些小晶体扩散在空气中,就像白烟一样。

因此,根据这一原理,氯化铵在生活中也就有了非常重要的作用,可以作为非常好的防火能手。我们所看到的戏院里的舞台布景、舰艇上的木材等,都常常用氯化铵处理,就是为了达到防火的目的。

食物中的二氧化硫

二氧化硫作为无机化学防腐剂中很重要的一位成员,它被作为食品添加剂已有几个世纪的历史。二氧化硫作为食品防腐剂最早的记载是在罗马时代,那时的人们用它作为酒器的消毒。后来,由于它的防腐特性被广泛地应用于食品中,如在制造果干、果脯时的熏硫,还常常被制成二氧化硫缓释剂,用于葡萄等水果的保鲜贮藏等。

二氧化硫在食品中不仅仅有防腐的作用,它还可显示出多种技术效果。首先,因为二氧化硫可与有色物质作用对食品进行漂

白,它还常被人们称为漂白剂。另一方面,二氧化硫具有还原作用,可以抑制氧化酶的活性,从而防止酶性褐变。此外,它对水果等还具有一定的化妆作用,因为二氧化硫的应用可使果干、果脯等具有鲜艳的外观。

其中,二氧化硫最重要的作用就是防腐和抗氧化,这对保持食品的营养价值和质量都是很有必要的。

长期以来,人们一直认为二氧化硫对人体是无害的,因此使用起来也没什么不放心,但是自1981年Baker等人发现亚硫酸盐可以诱使一部分哮喘病人哮喘复发后,人们开始重新审视二氧化硫的安全性。不过经长期毒理性研究,已经得出了结论:亚硫酸盐制剂在当前的使用剂量下对大多数人是没有危害的。在对有些过敏现象进行研究后,他们指出:食物中的亚硫酸盐当达到一定剂量,才会引起过敏,而且即使是很敏感的亚硫酸盐过敏者,也不是对所有用亚硫酸盐处理过的食品过敏。因此从这一点讲,二氧化硫事实上算是一种较为安全的防腐剂。

食物的酸碱性

一般地说,酸性食物指的是大米、面粉、肉类、鱼类、蛋类等,而碱性食物常见的有蔬菜、水果、牛奶、山芋、土豆、豆制品及水产品。在食物方面,酸性和碱性有很大的区别,因此我们应该注意科学饮食,能够根据各自的不同,改进食结构,加强体育锻炼,并养成良好的生活习惯,血管硬化可望得到延缓和逆转。

事实上,多吃碱性食物可保持血液呈弱碱性,并使得血液中乳酸、尿素等酸性物质减少,并能避免其在血管壁上沉积,因而有

软化血管的作用,故有人称碱性食物为"血液和血管的清洁剂"。

人体体液的酸碱度与智商水平有着很大的关系。通常在体液酸碱度允许的范围内,酸碱性所影响的智商是不一样的,一般酸性偏高者智商就要相对低,而碱性偏高则智商较高。科学家还对数十名 6~13 岁的男孩做了测试,结果表明,大脑皮层中的体液 pH 值大于 7.0 也就是碱性偏高的孩子,比小于 7.0 的酸性孩子的智商要高出 1 倍之多,由此可见酸碱性对人们智商的影响。所以说,对于有些学习成绩欠佳、智力发育水平较低的孩子,往往大多属酸性体质。

"水垢"的去除

茶壶或热水瓶用久了就会产生茶垢或水垢,通常我们都会用盐酸去除。这是什么原理呢?

先看看水垢是怎么产生的。一般水溶解后有碳酸氢钙,但如果把含有碳酸氢钙的水放到锅中烧时,由于受热,碳酸氢钙就会逐渐分解,又分解为原来的二氧化碳、水以及碳酸钙,二氧化碳会被释放出去,碳酸钙却沉淀下来。因此,热水瓶里含有这些碳酸钙的开水,碳酸钙就慢慢深入瓶底或附结在内壁上,时间一长,碳酸钙聚集结起,就成了"茶垢"。

用盐酸能除掉碳酸钙,其实是通过一个化学反应来实现的,盐酸与碳酸钙发生化学反应会生成一种叫做氯化钙的新物质。氯化钙能够溶解在水中,所以只要用水清洗,"茶垢"就去除了。

不过用盐酸除"茶垢"还要注意几个问题:

(1)避免直接用手去抹,最好用根铜丝缠着布条来擦洗。

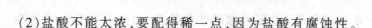

（2）盐酸不能太浓，要配得稀一点，因为盐酸有腐蚀性。

（3）当用盐酸除掉"茶垢"后，还必须用水认认真真地冲洗几遍，把盐酸除去。或者在盛水的茶壶里放上几只铁钉，过几天，那些残存的盐酸就没有了。

酒越陈越香的原因

我们都知道，酒是越陈越香的。一般普通的酒，在埋藏了几年就变为美酒。其中的原因可以简单地概括为白酒的主要成分是乙醇，除了乙醇还有一个较少的成分即乙酸。在酒被放置几年后，乙醇就会和乙酸发生化学反应，生成 $CH_3COOC_2H_5$ 即乙酸乙酯，由于它具有果香味，因此酒就会越来越香。不过这些反应虽为可逆反应，但是反应速度较慢，因此时间越长，所产生的乙酸乙酯也就越来越多。

其实，在刚酿的新酒中乙酸乙酯的含量是及其微量的，此时的酒并没有很香，相反，因为酒中的醛、酸，还会刺激喉咙。因此新酿造的酒喝起来生、苦、涩，不那么适口，一般都会窖藏几个月至几年，才能消除杂味，散发浓郁的酒香。

其实，我国在很早的时候就已经掌握了这种藏酒的方法。他们把新制的酒放在坛里密封好，将其存放在温湿度适宜的地方很长的时间，让其慢慢地发生化学变化，酒里的醛便不断地氧化为羧酸，而羧酸再通过和酒精发生酯化反应，就会生成具有芳香气味的乙酸乙酯，从而使酒越来越醇香，这个变化过程就是酒的陈化。但是有一个缺点，就是这种化学变化的速度很慢，因此需要耗费很长的时间，有的名酒在陈化时，往往需要几十年的时间。

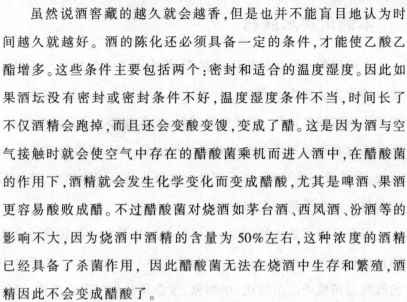

虽然说酒窖藏的越久就会越香，但是也并不能盲目地认为时间越久就越好。酒的陈化还必须具备一定的条件，才能使乙酸乙酯增多。这些条件主要包括两个：密封和适合的温度湿度。因此如果酒坛没有密封或密封条件不好，温度湿度条件不当，时间长了不仅酒精会跑掉，而且还会变酸变馊，变成了醋。这是因为酒与空气接触时就会使空气中存在的醋酸菌乘机而进入酒中，在醋酸菌的作用下，酒精就会发生化学变化而变成醋酸，尤其是啤酒、果酒更容易酸败成醋。不过醋酸菌对烧酒如茅台酒、西凤酒、汾酒等的影响不大，因为烧酒中酒精的含量为 50% 左右，这种浓度的酒精已经具备了杀菌作用，因此醋酸菌无法在烧酒中生存和繁殖，酒精因此不会变成醋酸了。

由此可见，酒越陈越好是有条件的，不过现在随着现代科学技术的发展，酒的陈化时间已经缩短了很多。如现在出现的一种新的辐射的方法，大大地缩短了酒的贮存期。利用辐射方法照射新酒半个月后品尝，酒的浓香、甘醇、回味等方面已经有了一定的提高，而杂味也有所减少，而且乙酸乙酯的含量大大提高，散发浓郁的酒香可与自然陈化相媲美。最近，科学工作者，应用电子综合技术制成的新酒陈化设备，已经具有了世界先进水平，非常适用于优质酒、果酒陈酿。很多新制酒在其中滞留 8~10 分钟即可获得半年到一年的陈酿效果。这种方法为制酒业的发展作出了很大的贡献，同时也节省大量库房、容器和大量资金，最主要的是所制出的酒的效果与陈化的并没有什么区别。

不能用茶水服药

　　不能用茶水服药的原因就在于,茶水中所含的物质与药中可能含的物质会发生中和反应。茶叶里含有很多矿物质,包括一种叫单宁酸的酸性物质。而我们吃的药,大部分都会含有碱性物质。因此当含有碱性物质的药物和单宁酸遇到一起,就容易发生中和反应,形成既不能溶解,也不能被人体吸收的沉淀物和水,这样药性的效果就会受到一定的影响。

　　服药不能用茶水的原因,不仅仅是因为茶叶中的化学成分会降低或影响药物疗效,它还有可能会产生一些副作用。如茶叶中的鞣酸与药物中的蛋白质、生物碱、重金属盐作用产生沉淀,可影响疗效和产生副作用。茶叶中的咖啡因、茶碱等成分,有兴奋神经中枢的作用,这些又对安眠药类有抑制作用,如鲁米那、安定、眠尔通、利眠宁等。

　　另外,通常在喝中药时也是不能用茶水送服的,因为喝茶会"解药"。很多中药中都含有生物碱,而茶叶中含有大量鞣酸,很容易与生物碱发生不溶性沉淀。当含有生物碱的中药的水煎液与茶水同服,就会发生沉淀从而影响药效的发挥。同时,鞣酸还具有收敛作用,对人体蛋白等营养物质的吸收有一定的抑制作用,因而在服用党参、黄芪、山药等补益药时,如果是用茶水,特别是饮用浓茶,药效就会大大降低。

　　不过凡事总有例外,也有极个别的可用茶水的。比如,有一个治偏正头痛的名方,叫"川芎茶调散",它就是用清茶送服药末或煎汤与茶共服的,目的是利用茶的苦寒之性,清上降下以利血行,

一口气读懂化学常识

从而达到熄风止痛的作用。不过毕竟可以用茶水送服的中药还是很少,因此,如果没有特别注释,喝中药时就不要与茶同服。

体温计被打碎怎么办

汞通称水银,常温下是银白色液体,虽然颜色看起来很好看,但是汞和它的化合物大多数都有毒。如果含汞的体温计被打破,这种被称为"水银"的液态金属就会像小水滴一样散落在地上。当它们落在地上时就会迅速蒸发,但这并不意味着它们消失了。相反,它们洒在了空气中,而且更加隐蔽了。专家指出,水银的吸附性特别好,水银蒸气易被墙壁和衣物等吸附,从而成为不断污染空气的源头。虽然说吸入少量并不会对身体造成太大的危害,但如果长期大量吸入,就会造成汞中毒。汞中毒分急性和慢性两种:急性中毒有腹痛、腹泻、血尿等症状;慢性中毒主要表现为口腔发炎、肌肉震颤和精神失常等。

一支标准的水银体温计含 1 克汞,当打碎时如果这些数量的汞全部蒸发,可以使一间 15 平方米大、3 米高的房间内的汞浓度达到 22.2 毫克/立方米。而普通人在汞浓度仅为 1~3 毫克/立方米的房间里,只需 2 个小时就可能导致头痛、发烧、腹部绞痛、呼吸困难等症状。如果更严重的,中毒者的呼吸道和肺组织还很可能会受到损伤,甚至因呼吸衰竭而亡。

氯乙烷的利弊

通常我们在观看足球赛时,有时会看到球场上正在拼抢中的足球运动员,因为意外突然摔倒。此时的运动员有时痛得甚至抱

着大腿满地翻滚，这时医生会为了让他能继续拼搏，就拿着一个小喷壶，向受伤部位喷射一种药，然后再用药棉不断地揉搓、按摩，过一会儿，受伤的运动员就可以重新站立起来，并且依然可以进行下面的比赛。

那么，医生对运动员喷的是什么药呢？其实这就是氯乙烷（C_2H_5Cl）。氯乙烷是一种没有颜色、极易挥发的液体。医生将它喷在伤口就是因为它的挥发性，当把它喷到受伤部位时，它就会立即挥发。而在挥发时要吸收热量，从而使皮肤表面温度突然降低，使感觉变得迟钝，因而起到了镇痛和局部麻醉的作用。这在医学上被称为"冷冻麻醉"疗法。

因为它的挥发性以及镇痛麻醉作用，氯乙烷常被用做四乙基铅、乙基纤维素及乙基咔唑染料等的原料，同时也被用做烟雾剂、冷冻剂、局部麻醉剂、杀虫剂、乙基化剂、烯烃聚合溶剂、汽油抗震剂等。有时它还会被用做聚丙烯的催化剂，磷、硫、油脂、树脂、蜡等的溶剂以及农药、染料、医药及其中间体的合成。

但是，氯乙烷也有一定的弊端，如果使用的浓度过高，对心、肝、肾都会有一定的损害作用。吸入2%~4%浓度时就会引起运动失调、轻度痛觉减退，并很快出现知觉消失，但这个浓度情况下的损害作用还非常轻微。一旦浓度过高引起麻醉，可能会出现中枢抑制以及循环和呼吸抑制。而且在皮肤接触后，可因局部迅速降温，造成冻伤。

因此，在使用氯乙烷时要注意以下事项：

（1）如果皮肤是开放性损伤时不要使用。

（2）氯乙烷是外用气雾剂，避免吸入。

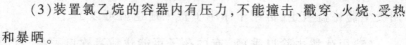

（3）装置氯乙烷的容器内有压力，不能撞击、戳穿、火烧、受热和暴晒。

（4）当药品性状发生改变时禁用。

（5）如使用过量或发生严重不良反应时应立即就医。

（6）儿童必须在成人监护下使用，而且要将其放在远离儿童的地方。

延长家具寿命的化学方法

家具对于我们来说，都是使用期比较长的生活用品，那么怎样才能延长它的寿命，为我们更长时间所用呢？

（1）用蛋清擦拭脏了的真皮沙发。当真皮沙发脏了的时候我们可以拿一块干净的绒布蘸些蛋清擦拭皮面，用蛋清擦拭既能去除污迹，又能使皮面光亮如初。

（2）用牙膏擦拭冰箱外壳。因为牙膏中含有一定的研磨剂而且去污力很强，因此当冰箱的外壳染上污垢，可用软布蘸一点牙膏慢慢擦拭。如果污迹比较顽固，可多挤一些牙膏用软布反复擦拭。冰箱即会擦得很干净而且恢复光亮。

（3）用酒精清洗毛绒沙发。在清洗毛绒布料的沙发的时候，我们可用毛刷蘸少许稀释的酒精刷洗一遍，再用电吹风吹干。如果沙发上还留有果汁污渍，可以用一茶匙苏打粉与清水调匀，再用布沾上擦拭，这样污渍便会减退。

（4）用盐去地毯上的汤汁。在有孩子的家庭中，地毯上难免会滴上汤汁，这时千万不能用湿布去擦。应首先用洁净的干布或手巾汤汁的水分吸干，然后在污渍处撒些食盐，等到盐渗入地毯后，

用吸尘器将盐吸走,再用干净刷子整平地毯就可以了。

（5）用冰块去除口香糖。有的孩子可能比较喜欢口香糖,有时就会不小心弄到地毯上,粘在地毯上的口香糖很难取下来。这时我们可以取一块冰决并把它装在塑料袋中,覆盖在口香糖上,大概 30 分钟后,可以用手压上去如果感觉硬了就可以将冰块取走,再用刷子一刷就能够刷下。

（6）原木家具光洁法。要使原木家具更加光洁,我们可用蜡水直接喷在家具表面,然后用柔软干布擦拭,家具便会光洁明亮。如果发现家具表面有刮痕,可先涂上鱼肝油,等过一天之后再用湿布擦拭即可。此外,用浓的盐水擦拭,还能够避免木质朽坏。

双氧水的伤口消毒功能

双氧水又叫过氧化氢,它的分子是由 2 个氢原子和 2 个氧原子组成的,化学式为 H_2O_2。从化学式可看出,它的分子与水分子的区别就是多了一个氧原子。

双氧水是一种无色有刺激性气味的液体,它的主要作用就是用来伤口消毒,所以经常被医疗用于对伤口或中耳炎的消毒。

那么,双氧水可以用来消毒杀菌的原因是什么呢？这是因为氧化物非常不稳定,很容易发生下列反应：

$$H_2O_2 \rightarrow H_2O + (O)$$

从反应式中我们可以看出,当双氧水与伤口、脓液或污物相遇的时候,马上就会分解生成氧。这种还没有结合成氧分子的氧原子,具有非常强的氧化能力,当它与细菌接触时,可以破坏细菌菌体,杀死细菌,因此它可以用来进行伤口的消毒。而且在杀灭细

菌后所剩余的液体是没有任何毒害、无任何刺激作用的水，所以也不会产生二次污染。

因此，双氧水是伤口消毒常用的消毒剂，不过在使用仍然要注意，不可用浓度大的双氧水进行伤口消毒，避免灼伤皮肤及患处，在医疗上一般都是用3%的双氧水来进行消毒。

变色眼镜变色的原理

一般普通玻璃的主要组成成分是硅酸盐，但是如果是作为眼镜镜片的光学玻璃，所含有的成分主要是钾。这种光学玻璃硬度比较大，不容易磨损，清晰度较好。不过在制造变色眼镜的镜片玻璃中，除了普通原料外，还要另外再加入少量的卤化银和氧化铜的微小晶粒，而变色的秘密就在于着少量卤化银在不同条件下的分解和重新化合。

当做成镜片后，卤化银就会受到强光的照射分解为银和卤素，反应方程式如下：

$$2AgX = 2Ag + X_2$$

因为所生成的银微粒的颜色比较深，所以镜片颜色就变深。而当光线变暗（弱）的时候，银和卤素在催化剂氧化铜微小晶粒的作用下，又会重新结合生成卤化银，反应方程式如下：

$$2Ag + X_2 = 2AgX$$

所以镜片的颜色又变浅了，这就是变色镜变色的秘密所在。据相关实验证明：变色眼镜镜片如果被阳光连续照射5分钟后，通过镜片的强光可减小为原来的50%；当镜片再离开光线5分钟以后，可以恢复光线23%，大约1小时以后，可以完全恢复到原来的本色。

因为卤化银和氧化铜的加入可以与光学玻璃融为一体，所以变色眼镜可以反复变色，而且对人们的眼睛也具有一定的保护作用。如果长期使用，就能保护眼睛免受强光的刺激，同时还可以起到矫正视力的作用。

荧光棒发光的原因

近几年来，很多人都把荧光棒视为一种时髦的玩艺儿，但是有的媒体提出，荧光棒可能具有一定的毒性，不宜使用。对此这样解释道："荧光棒所含成分为苯二甲酸二甲酯和苯二甲酸二丁酯，具有轻微的毒性。如果不小心发生泄漏，被人体误吸或触碰后，会造成恶心、头晕、麻痹甚至昏迷等有损人体健康的现象。"对此，化学专家、清华大学化学系物理化学研究所的赵福群教授对荧光棒的这种现象做出了专门研究，最后指出只要注意使用方法，荧光棒是不会对人体造成什么伤害的。

那么，荧光棒是怎么发光的呢？其实荧光棒中的化学物质主要由过氧化物、酯类化合物和荧光染料三种物质所组成。简要地说，荧光棒发光的原因就在于过氧化物和酯类化合物所发生的化学反应，并将反应后的能量传递给荧光染料，再由染料发出荧光。现在市场上比较常见的荧光棒中通常放置了一个玻璃管夹层，在夹层的内外分别装过氧化物和脂类化合物，夹层就是用来隔开它们，经过揉搓晃动，两种化合物反应使得荧光染料发光。

久放的报纸会发黄的原因

报纸的主要成分是木材，我们可能都大致知道纸的产生，首

先是一根根的木头，运到造纸厂里，通常都是用磨木机先对它进行磨碎处理。再经过蒸煮，打浆，使它们变得"粉身碎骨"。然后通过抄纸机的"手"，连拉带压，同时加热蒸发掉它的水分，最后就得到白报纸了。报纸尽管没有生命，可是也会衰老。有的时候，存放了太久的报纸，我们会发现有些纸张已经"弱不经风"，多翻几下就破了。

之所以这样，是因为当木材转变成报纸以后，纤维素也从木材身上转移到报纸里"安家落户"了。当然，纤维素也有一定的作用，它可以保持报纸的韧性。但是在报纸生产出来以后，空气中的氧气就会和纸里的纤维素慢慢反应，雪白的纤维素和氧反应以后，报纸的脸色也就发黄了。

报纸还有一个无处不在的"敌人"，那就是光线。因为它可以和纸的纤维起光化学作用，时间一长，报纸就会发黄变脆，不再如刚出来时那般洁净。

这也是在图书馆里，通常都会装饰上一些彩色玻璃，这样做的目的就是为了使构成光线的红、橙、黄等各种色光能够被同色的玻璃"吃"掉，或者使光线进入图书馆时要转弯抹角，不能长驱直入，这样也能够减轻光线对书籍纸张的"杀伤力"，延长书报的使用寿命。

用化学方法显示指纹

目前在全世界几十亿人中，还没有发现两个相同的指纹。每个人从出生后至 6 个月都会形成一个完整的自己的指纹，而且至死不变。也正因为此，指纹显示已经成为刑侦破案的重要手段。

通常罪犯犯罪时留下的指纹印是无法用肉眼看到的，但总会留下手指表面上的微量物质，如油脂、盐分和氨基酸等在指纹印上。由于指纹的凹凸不平，所以它的那些微量物质的排列所呈现的图案是与指纹相同的。所以若想显示指纹，只需检测这些微量物质就可以了。

显示指纹的方法一般有4种：

(1)碘蒸气法：这种方法是采用碘蒸气熏，因为在指纹印上的油脂之中碘是可以溶解的，所以能显示指纹，通常使用这种方法来检测出数月之前的指纹。

(2)硝酸银溶液法：这种方法是通过向指纹印上喷洒硝酸银溶液来显示指纹，因为硝酸银能够与指纹印上的氯化钠发生反应转化成氯化银不溶物。经过阳光照射，氯化银分解出银细粒，就能够显示棕黑色的指纹，这种方法在刑侦中比较常用，而且它可以检测出更长时间之前的指纹。

(3)有机显色法：由于指纹印中含有多种氨基酸成分，所以还可以使用一种叫二氢茚三酮的试剂来进行检测，因为它跟氨基酸反应生成紫色物质，就可以检测出指纹。这种方法可检出1~2年前的指纹。

(4)激光检测法：用激光照射指纹印显示出指纹，这种方法所能检测出的指纹的时间更长，能够检测出长达5年前的指纹。

去除衣服污渍的办法

在生活中，总是会不小心在衣服上沾染上一些污渍。那么，怎样有效地对其进行清除，其实还是有些妙招的。

（1）陈化了的蓝黑墨水污渍。沾上蓝黑墨水污渍首先要在2%的草酸溶液里浸泡3~5分钟，这样可以将污渍中的黑色鞣酸铁还原为可溶性亚铁盐。如果没有草酸，也可以用维生素C药片来代替，不过是先用其揉擦，然后用漂白粉搓洗，再用洗涤剂洗涤后用清水冲净即可。

（2）圆珠笔污渍。沾上圆珠笔污渍的衣服可以用水浸湿后再用苯或丙酮搓洗，这样可以使污渍溶解分散，然后再用洗涤剂搓洗后用清水冲净即可。

（3）墨汁污渍。首先把米饭放在污渍上加一些水进行反复搓洗，然后用1份酒精和2份肥皂配成的溶液反复搓洗再用清水冲净即可。

（4）红墨水污渍。先用洗涤剂水洗，然后再用15%左右的酒精搓洗后用清水冲净。

（5）陈化的尿污渍。白色织物上的污渍要在10%的柠檬酸溶液浸湿1小时后用清水洗净；而有色织物上的污渍用15%~20%的醋酸浸湿1.5小时后用水清洗。

（6）汗污渍。先用3%的食盐水浸泡10分钟后再用清水冲净，然后用洗涤剂洗净。

（7）血污渍。沾上血污的衣服要先用加酶洗衣粉和水搓洗一下，然后再放进10%的氨水搓洗，用清水漂洗后再放在10%~15%的草酸洗涤，最后用清水洗净。

（8）水果汁污渍。如果是有色织物则按照下列顺序依次进行即可除去：用浓食盐水揉洗→水洗→10%氨水揉洗→洗涤剂洗。如果是白色的织物可以在漂白液（3%~5%的次氯酸钠溶液）中浸泡1~2小时后用清水洗净。另外,桃汁污渍可在草酸溶液中浸泡一会后用水洗去。

（9）茶叶水污渍。沾了茶叶水污渍的衣服可用饱和食盐水浸泡一会然后洗掉。

（10）酱油污渍。沾了酱油污渍的衣服可将它放在用洗涤剂溶液加浓度为2%的氨水揉洗即可除去。

牙膏的构成

我们每天起床后的第一件事就是刷牙、洗脸,而刷牙就必须使用牙膏,虽然残留在口腔中的食物在牙齿的表面黏附得很牢固,但是我们仍然可以借助于牙膏中的摩擦剂和洗涤剂将牙刷干净,使牙齿光亮美观。而且用牙膏刷牙,还有助于清除口臭和防治口腔疾病。那么,为什么牙膏会具有这些功能呢?这就要从牙膏的成分谈起。

牙膏是由一些无机物和有机物组成的,它通常包括摩擦剂、洗涤泡沫剂、黏合剂、保湿剂、甜味剂、芳香剂和水。近年来还出现了很多药物牙膏,人们在牙膏中添加了各种药物。随着人们生活水平的提高,牙膏的功能也在逐渐地增多,通常一支比较好的牙膏,应该有高雅的香味、适度的甘甜、细腻的口感和丰富的泡沫。

摩擦剂是牙膏的主要部分,比较常用的摩擦剂有碳酸钙（$CaCO_3$）、磷酸氢钙（$CaHPO_4 \cdot 2H_2O$）,它们在牙膏中一般都占有30%~55%。牙膏中还有另外一个比较重要的成分,那就是洗涤泡沫剂,常用的是十二醇硫酸钠（$ROSO_3Na$）,用量一般在2%~3%,更加增加了牙膏的去污的效果。牙膏之所以能让牙齿洁净,主要就是靠

这两种成分的作用。我们经常刷牙所取得的效果就是摩擦剂的摩擦作用,洗涤泡沫剂的洗涤和产生泡沫的作用,再加上牙刷的作用的结果,只要三者结合起来,就可以把牙齿表面的污垢除去,使牙齿洁白如玉。

除了以上牙膏的基本作用外,通常牙膏中还经常添加香料如薄荷、留兰香等。这些香料的添加在使用时使人有种清爽芳香的感觉的同时还有杀菌的作用,可以清除口腔中的细菌,防止膏体腐败。而且有时为了使牙膏口感舒服,还会加些糖精做甜味剂,这样一来在刷完牙之后,口腔就会感觉凉爽舒适,并带有丝丝的甜味。

虽然牙膏可以清洁口腔,但仍然要养成良好的卫生习惯,饭后用清水嗽口,特别是睡觉前还要再刷一次牙,将牙缝里剩余的食物清除掉,以免食物残渣留在口腔内太久就会腐败而产生口臭,对牙齿也是一种腐蚀,避免牙垢的产生。

菠菜和豆腐不能放在一起做菜的原因

我们都知道,菠菜的维生素含量很高,比其他任何的蔬菜都还要高很多。500 克菠菜,大约含有胡萝卜素 133 克、含维生素 C 138 克,比我们熟知的含维生素很高的西红柿还要高 1 倍多。所以常吃菠菜对我们人体的健康有很大的好处,它对贫血、高血压、软骨病和牙出血等病症都有很大的帮助。

但是由于菠菜中含有很多草酸,因此不能将它与豆腐放在一起做菜。因为豆腐中的氯化镁($MgCl_2$)或石膏($CaSO_4$)与草酸很容易发生化学反应,生成不溶入水的草酸镁或草酸钙。它们会沉积

在血管壁上，从而对血液的循环造成一定的阻碍，只就这一点来说，对儿童的生长发育影响特别大。

而且菠菜中的草酸使儿童对钙的吸收还有一定的影响。不过，菠菜的这个缺点是可以改善的，我们可以用一些方法将菠菜中的草酸去除，在做之前可以用开水将菠菜掏一遍，再放入凉水中浸泡20分钟左右，如此一来绝大多数的草酸就可以浸出来。

锅炉水不能喝的原因

锅炉水就是我们在家庭中蒸馒头或蒸小菜的水，我们可能被告诉过这种蒸锅水是不能喝的，而且也不能用来煮饭或烧粥，这是为什么呢？因为水里含有微量的硝酸盐，如果在长时间加热的条件下，水分就会不断蒸发，这时硝酸盐的浓度也会随着逐渐增加，而且它会受热分解变成了亚硝酸盐。

亚硝酸盐对人们的健康是非常有害的，它不仅可能会造成人体血液里的血红蛋白变性，而且不能与氧气结合，容易造成缺氧现象。亚硝酸盐也可以使人体血压下降，严重时能够引起虚脱。另外，现代医学还证明了亚硝酸盐其实还是一种比较强烈的致癌性物质。因此，蒸锅水不能喝。

食盐的作用

食盐是我们日常生活中最常见的一种调味品，它的主要成分就是氯化钠。但是它的作用绝不仅仅是我们知道的增加食物的味道，它还是人体组织的一种基本成分，而且有着自己十分重要的作用，可以保证体内正常的生理、生化活动和功能。

而且,Na⁺和Cl⁻在体内的作用是与K⁺等元素相互联系在一起的,错综复杂。其最主要的作用是控制细胞、组织液和血液内的电解质平衡,来保持体液的正常流通和控制体内的酸碱平衡。具体作用如下:Na^+与K^+、Ca^{2+}、Mg^{2+}对保持神经和肌肉的适当应激水平有一定的帮助;$NaCl$和KCl有助于调节血液的适当黏度或稠度;胃里开始消化某些食物的酸和其他胃液、胰液及胆汁里的助消化的化合物,也是由血液里的钠盐和钾盐形成的。而且,适当浓度的Na^+、K^+和Cl^-在视网膜对光反应的生理过程也起着重要作用。此外,常用淡盐水漱口也有一定的作用,不仅对咽喉疼痛、牙龈肿疼等口腔疾病有预防和治疗的作用,还具有预防感冒的作用。

碘化物的重要性

碘化合物包括碘化钾、碘化钠、碘酸盐等。碘化合物不仅在实验室中是一种非常重要的试剂,而且在食品和医疗上,它们同样是重要的养分和药剂,对于维护人体健康起着重要的作用。

碘是人体内的一种必需微量元素,是甲状腺激素的重要组成成分。因为在正常人体内共含有的碘15毫克~20毫克,其中70%~80%都聚集在甲状腺内。碘在人体内都是以化合物的形式存在,它的主要生理作用通过形成甲状腺激素而发生。因此,甲状腺素所具有的生理作用和重要机能,都与碘有着很直接的关系。一旦缺乏碘将对人体的机能带来很大的影响,可导致一系列生化紊乱及生理功能异常,如引起地方性甲状腺肿,还可能致使婴、幼儿生长发育停滞、智力低下等。

我国在世界上已经算是严重缺碘的地区,全国约有4亿人缺

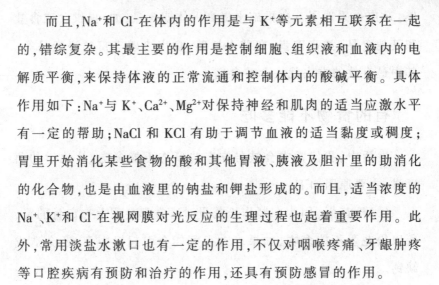

碘。政府也采取了一些措施来提高人体碘含量,如:提供含碘食盐和其他食品,如高碘蛋;在井水加碘;食用含碘丰富的海产品等。其中最有效的方法就是含碘食盐。

有的食物不能多吃

生活中,我们常常会被告知有些事物不能多吃,从化学的角度讲,主要原因如下:

(1)松花蛋:因为在制作松花蛋时通常都会用上一定量的铅,所以松花蛋不能多吃,如果多食很可能会引起铅中毒,还会造成缺钙。

(2)臭豆腐:臭豆腐不能多吃的原因在于它在发酵的过程中很容易被微生物污染,同时产生大量挥发性盐基氮及硫化氢等,这些都是蛋白质分解的腐败产物,吃多了都会对人体有一定的损害。

(3)味精:医学上曾经规定每人每天的味精摄入量最好不要超过 6 毫克,如果摄入太多将会导致血液中谷氨酸的含量大大升高,从而限制了人体必需的 2 价阳离子钙和镁的利用。味精食多的主要危害是可导致短时期的头痛、恶心等症状,而且对人的生殖器官也会带来不良影响。

(4)方便面:方便面中含有一些对人体不利的食品添加剂与防腐剂等,因此也不宜多吃。

(5)葵花籽:葵花籽吃多主要影响的是人的肝细胞功能,因为在其中含有大量不饱和脂肪酸,多吃体内的碱就会减少。

(6)菠菜:菠菜虽然营养丰富,但它含有大量草酸,食物中的

锌与钙会与草酸结合最终被排出体外,从而造成人体锌与钙的缺乏。

(7)猪肝:猪肝吃多将会导致心血管方面的疾病,1000克猪肝中胆固醇的含量高达400毫克以上,所以,不宜多吃,因为一个人的胆固醇摄入量太多会导致动脉硬化而且会加重心血管疾病。

(8)烤牛羊肉:牛羊肉在熏烤过程中会产生大量的有害物质如苯并芘,这是非常容易诱发癌症的物质。

(9)腌菜:腌菜如果没有腌制好,会产生致癌物质亚硝酸胺。

做油条的方法

也许你经常吃油条,但是它是怎么做出来的呢?事实上,油条的做法与化学的很多性质都有一定的联系。

做油条的第一步就是发面,具体的方法是用鲜酵母或老面与面粉一起加水揉和,当面团发酵到一定程度后,再将适量纯碱、食盐和明矾添加进去进行揉和。然后将面团切成厚1厘米、长10厘米左右的条状物,把每两条上下重叠,用窄木条在中间压一下,然后旋转后拉长放入热油锅里炸,油条很快就会膨胀,而且变得又松、又脆、又黄、又香。

在发酵的过程中,因为酵母菌在面团里能够繁殖分泌酵素,可以将一小部分淀粉变成葡萄糖,又由葡萄糖变成乙醇,并生成二氧化碳气体。同时,还会生成一些有机酸类,这些有机酸的作用就是可以与乙醇发生反应生成有香味的酯类。在反应中的任何物质都有自己的作用:生成的二氧化碳气体可以使面团产生许多小孔并且膨胀起来;而加入纯碱则是由于有机酸的存在,因为它会令面团产生酸味,加入纯碱后,可以将多余的有机酸中和掉,并且生成的二氧化碳气体,能够使面团进一步膨胀起来;另外,纯碱溶于水发生水解,后经热油锅炸,因为有二氧化碳生成,使炸出的油条更加疏松。

从上面的反应过程中,我们发现在做油条时还剩下了氢氧化钠,也许你会认为含有如此强碱的油条肯定就不好吃了,不过这也是油条的奇妙之处。当面团里出现游离的氢氧化钠时,就会与原料中的明矾迅速发生反应,氢氧化钠变成了氢氧化铝。氢氧化铝的凝胶液或干燥凝胶,在医疗上可以用做抗酸药,能中和胃酸、保护溃疡面,通常用于治疗胃酸过多症、胃溃疡和十二指肠溃疡等。所以,油条在医疗方面还有一定的作用,它对胃酸有一定的抑制作用,并且对某些胃病有一定的疗效。

油条不能多吃的原因

在以前,我们曾经听过很多关于摄入铝元素对人身体健康的危害。但不久人们又提出了一个新观点,即铝和铝盐是可以被人体所吸收的,因此并没有急慢性毒性。所以,在这之后铝和铝盐又重新被广泛用做食品添加剂、混凝剂、药物、炊具等。但是在19世纪70年代,随着科技的发展,人们开始慢慢发现了铝对人体的危害,在进一步深入的研究中,人们得出了一个结论:铝的毒性不能小看。

而我们常常吃的油条中就含有大量的铝,因此,如果我们经常吃的话,那么对铝的摄入量就会大增。油条中的铝含量通常高于100毫克/千克。虽然说人体对铝的吸收主要在小肠的前端,吸

一口气读懂化学常识

收率约为 0.3%~0.5%。虽然吸收率并不高,但是如果长时间大量地摄入铝就会造成铝在人体内的沉积,对人体有很大的损害作用。

目前,专家们已经根据各种实验证明了饮食中铝含量的升高可以增加组织和血清中铝的含量,吸收的铝大部分可以与血浆蛋白结合,尤其是血红蛋白和白蛋白。这将对血液的稳态有很大的影响,因此对身体健康造成难以恢复的损坏。铝对人体的损害主要在肾脏和神经系统上。

1.对肾脏的损害

首先要注意的是,如果是肾功能有缺陷的人一定不能过多地食用油条,由于人体摄入的铝的排泄主要就是通过肾脏。随着铝的摄入量增多,尿铝的排出量随之增多,当铝的摄入量远远超过肾脏排泄的能力时,铝就会在体内积累,从而给人体带来一定的损害。因此过多地摄入铝,会给肾脏带来很大的负担,进而对肾脏造成伤害,有可能导致肾脏的功能紊乱,肾衰竭和尿毒症等。

2.对神经系统的损害

人体内如果含有过量的铝对中枢神经系统及胚胎的神经发育等都有较坏的影响。从临床我们可以发现,很多神经失调病症如老年痴呆症、关岛帕金森氏痴呆综合征等都与铝在体内的积累有关。当神经元吸收铝之后,铝就会进入神经核内,对细胞的结构产生一定的影响,从而影响染色体而发生病变,造成蛋白质生化代谢的紊乱而致病。专家们曾经通过对大量的动物进行实验证明,铝对动物的神经系统有负面作用。此外,铝还会严重的损害人的记忆力,特别是对于儿童,过量的铝将会严重影响他们的智力发展。

有的食物不能混食

由于生活水平的提高,人们的生活也越来越好,但是在饮食上仍然要注意有的食物是不能乱搭来吃的。现就平时常见的食物不能混食的介绍如下:

1.海鲜+啤酒

海鲜与啤酒很容易诱发痛风,因为在海鲜中含有大量嘌呤和苷酸两种物质,而啤酒中则富含维生素 B_1,这种维生素可以对海鲜中的嘌呤和苷酸进行迅速的分解。所以在吃海鲜的时候如果与喝啤酒混在一起就容易导致血尿酸水平迅速升高,诱发痛风,甚至会诱发痛风性肾病、痛风性关节炎等疾病。

2.火腿+乳酸饮料

火腿与乳酸饮料一起食用最容易致癌。有的人喜欢将三明治搭配优酪乳作为早餐,但是三明治中含有火腿、培根等,因此要注意三明治是不可以和乳酸饮料一起食用的。因为为了长时间保存肉制品,一般食品制造商都会添加硝酸盐来防止食物变坏及肉毒杆菌生长。当硝酸盐遇上有机酸时,会转变为亚硝胺,它是一种致癌物质。

3.萝卜+橘子

萝卜与橘子混食容易诱发甲状腺肿大。因为萝卜能够产生一种抗甲状腺的物质硫氰酸,而橘子等水果中含有类黄酮物质,所以如果将萝卜与橘子、苹果等同时进食的话,水果中的类黄酮物质会转变为抑制甲状腺作用的硫氰酸,因而诱发甲状腺肿大。

4.鸡蛋+豆浆

鸡蛋和豆浆应该是人们早餐的首选食物,但是切记二者也同样是不可以放在一起吃的,同吃会降低蛋白质的吸收。生豆浆中含有胰蛋白酶抑制物,它可以抑制人体蛋白酶的活性,对蛋白质在人体内的消化和吸收有很大的影响。鸡蛋的蛋清里含有丰富的黏性蛋白,能够同豆浆中的胰蛋白酶结合,从而阻碍了蛋白质的分解,从而大大降低人体对蛋白质的吸收率。

5.牛奶+巧克力

将牛奶与巧克力混在一块吃,很容易造成腹泻。因为牛奶中含有大量的钙,而巧克力中含有大量的草酸,钙能与草酸反应生成一种不溶于水的草酸钙,因此食用后不仅不能被吸收,而且还会发生腹泻、头发干枯等症状。

6.水果+海鲜

因为海鲜是水产品,含有蛋白质,因此在吃海鲜的同时,如果再吃含有鞣酸的葡萄、山楂、石榴、柿子等水果,就会产生消化不良,导致呕吐、腹胀、腹痛、腹泻等。因为鞣酸和蛋白质相遇时会沉淀凝固,产生不容易消化的物质。

经常吃苹果的好处

我们经常会听人说,多吃苹果有好处。那么,常吃苹果到底有哪些好处呢?

(1)苹果含有多种维生素和酸类物质,因此,它的营养价值很高;苹果中还含有比一般水果更多更丰富的钙,而钙有助于代谢掉体内多余的盐分;苹果还有一定的减肥作用,苹果酸可以代谢

热量防止下半身肥胖；至于可溶性纤维果胶，可防治便秘；如果将苹果切成丝来吃，它的果胶可以止住轻度腹泻；苹果对老年人也有很大的好处，尤其是苹果酸能够稳定血糖，预防老年糖尿病，所以糖尿病人宜吃酸味苹果。

（2）苹果中还含各种元素，对人体都有很大的帮助。首先，苹果含有丰富的糖和锂、溴元素，因此它可以是一种十分有效的安眠药，而且没有副作用；苹果还含有丰富的锌、镁元素，因此常吃苹果还有助于增强人的记忆力，特别是对孩子的生长发育有很大的促进作用。同时，在医药上，欧洲有的国家还将它称为防癌药，因为在苹果内还含有一些能排除体内有害健康的铅、汞元素。

而且据植物学家的相关实验证明：如果一个苹果15分钟才吃完，还具有一定的杀菌作用，苹果中的有机酸和果酸质能够把口腔里的细菌杀死99%。所以，不仅要常吃苹果而且还要细嚼慢咽，这对人体的健康是很有好处的。

各种笔的制造

现在人们的学习条件越来越好，学习用具也变得丰富多彩，尤其是笔，使用也越来越方便，但是你知道那些各有特色的笔是用什么制造的吗？以下就一些常见的笔种进行简单的介绍。

（1）铅笔芯：铅笔芯是铅笔的重要组成部分，是由石墨掺合一定比例的黏土制成的，铅笔芯的硬度也是由掺入黏土的多少来决定的，当黏土掺入较多时铅笔芯的硬度就会增大，笔上标有 Hard 的首写字母 H。反之则掺入的黏土较少而石墨增多时，这个铅笔的硬度减小，黑色增强，笔上标有 Black 的首写字母 B。

（2）圆珠笔：圆珠笔主要是由油墨组成，而油墨是一种黏性油质，它是用胡麻子油、合成松子油、矿物油、硬胶加入油烟等调制成的。因此，在使用圆珠笔时，如果在有油、有蜡的纸上写字你会发现写不出来字，那是因为油、蜡嵌入钢珠沿边的铜碗内会导致无法正常出油。此外还要避免笔的撞击、曝晒，在不用时随手套好笔帽，以避免碰坏笔头、笔杆变型及笔芯漏油而污染物体。如遇天冷或很久不用时，遇到笔不出油的情况，可将笔头放入温水中浸泡片刻后再在纸上划动笔尖，即可写出字来。

（3）钢笔：钢笔是指笔头用各含 5%~10% 的 Cr、Ni 合金组成的特种钢制成的笔。铬镍钢是一种不锈钢，抗腐蚀性强，不易氧化，因此一般来说钢笔的抗腐蚀性能好，不过有一个缺点就是耐磨性能欠佳。

化学洗涤剂的危害

化学洗涤剂之所以具有一定的洗污能力，主要来自表面活性剂，因为表面活性剂可以降低表面张力，从而能够渗入到连水都无法渗人的纤维空隙中，通过把藏在纤维空隙中的污垢挤出来的方法达到一定的洗污作用。

不过，表面活性剂的这种能力也同样适用于人体，沾在皮肤上的洗涤剂大约有 0.5% 渗入血液，如果皮肤上有伤口则渗透力将会是一般情况下的 10 倍以上。进入人体内的化学洗涤剂毒素会降低血液中钙离子的浓度，导致血液酸化，如果人体渗入化学洗涤剂毒素，人就会很容易疲倦。这些毒素还会降低肝脏的排毒功能，使原本该排出体外的毒素淤积在体内积少成多，从而降低

人体的免疫力，造成肝细胞病变加剧，容易诱发癌症。

如果化学洗涤剂侵入人体后与其他的化学物质结合，毒性就会更大。尤其具有很强的诱发癌特性。有人曾经做过这样的试验，将培养胃癌细胞中注入化学洗涤剂基本物质 LAS 会加速癌细胞的恶化，由此可见化学洗涤剂对人体的毒害作用。人们普遍认为化学产品的泛滥是人类癌症越来越多的最大根源，而化学洗涤剂是人类最直接最密切的生活用品，因此在使用时要慎重。

如今，人们已经将化学洗涤剂作为生活必需品广泛用于生活中的各个方面，但是在我们用它来洗头发、洗碗筷、洗衣服、洗澡的同时，也将大量的化学毒素带入了人体。这些化学洗涤剂的使用就像人体在夜以继日的吸毒，化学污染从人体的各个部分渗入到人体内部，日积月累，潜伏集结。而且可怕的是，这些毒素是潜在的，因为这种污染的危害在短时间内不可能很明显，因此，往往会被忽视。但是，这更要引起我们的重视，微量污染持续进入体内，积少成多同样可以造成一定的后果，而且往往后果很严重，有可能导致人体的各种病变。

现在，人类生活的都市化已经无可避免，都市生活对清洁剂也形成了很大的依赖。所以，改善洗涤剂，使用不危害人体、不破坏生存环境、无毒无公害的洗涤剂已经成为当务之急。

酱油不是"油"

"油"包括很多种，在生活中我们总会听到各种各样的油，如花生油、菜籽油、猪油、牛油、汽油、酱油等，还有用做燃料的汽油、煤油等等。不过它们尽管都叫"油"，但却是几种完全不同的物质，

并没有什么太大的联系。

　　用做燃料的汽油、煤油是碳和氢的化合物，是不可以吃的。而我们日常吃的动物油和植物油都是由多种脂肪酸和甘油结合而成的碳、氢、氧的化合物。

　　酱油的名字虽然也是"油"，但事实上和油并没有什么关系。

　　首先我们看下酱油是怎么制造的。在中国，3000多年前，我们的祖先就已经开始酿造酱油了。最早的酱油是用一些动物如牛、羊、鹿和鱼虾等的蛋白质制成的，到后来才渐渐发展为用豆类和谷物的植物性蛋白质制造。具体的酿造方法是将大豆蒸熟，和面粉拌在一起，接种上一种霉菌，让它发酵生毛。经过长时间的风吹日晒，原料里的蛋白质和淀粉慢慢分解，这样滋味鲜美的酱油就酿好了。

　　事实上，酱油是好几种氨基酸、糖类、芳香酯和食盐的水溶液，它的味道非常不错，经常被用来促进食欲。如今酱油除了酿造外，还出现了另一种制造酱油的方法，即用化学合成酱油。合成酱油是通过用盐酸分解大豆里的蛋白质，将蛋白质分解成单个的氨基酸，再通过碱中和，然后加些红糖做为着色剂，就制成了化学酱油。这样制作的酱油，味道与酿造的同样鲜美，但是它的营养价值远不如酿造酱油。

酒的化学性质

　　酒也是人们酿造出来的，它的酿造过程其实就是先把淀粉在麸曲的作用下变成麦芽糖，然后再让糖液发酵，酵母菌吃下糖，转化成酒精和二氧化碳。这种含酒精的水，再经过加热蒸馏，浓度就

会增大，这就是我们通常所说的酒。酒精是酒的主要内容，一般用不同种类的粮食、水果或野生植物酿造出来的酒都会含有酒精。

不同用处的酒有不同的浓度，一般做菜的黄酒里通常含有15%的酒精；啤酒里一般有4%的酒精；葡萄酒一般含酒精10%左右；烧酒里含有的酒精最多，通常都会超过60%。另外，酒精还可以用来除腥，人们在烧鱼时往往会加点酒，就是为了除腥，因为酒精可以把鱼肉里产生腥味的三甲胺"揪"出来，带着它一起变成蒸气挥发掉了。

酒精的化学名称叫做乙醇，纯粹的酒精热度很强，因此不可以喝。在很多名酒佳酿里除了酒精之外，还有香酯、糖、香料、矿物质等多种微量物质。

泡沫灭火器

泡沫灭火器是人们常用的一种灭火器材，它的反应原理如下：

$$Al_2(SO_4)_3 + 6NaHCO_3 = 3Na_2SO_4 + 2Al(OH)_3\downarrow + 6CO_2\uparrow$$

简单地说，泡沫灭火器能灭火就是因为二氧化碳既不可以燃烧，也不能支持燃烧的化学性质。人们根据二氧化碳的这一性质研制了各种各样的二氧化碳灭火器，例如干粉灭火器及液体二氧化碳灭火器，泡沫灭火器也是其中的一种。

下面简单介绍泡沫灭火器的原理和使用方法。

泡沫灭火器内通常有两个容器，分别装着两种液体，它们分别是硫酸铝和碳酸氢钠溶液，这两种溶液如果不接触就不会发生反应，在使用泡沫灭火器时，把灭火器倒立，让两种溶液接触混合

在一起，就会生成大量的二氧化碳气体，从而达到灭火的目的。

除了两种反应物外，灭火器中通常还会加入一些发泡剂。打开开关，泡沫从灭火器中迅速喷出，覆盖在燃烧物品上，从而隔绝燃着的物质与空气，并降低温度，从而达到灭火的目的。不过与二氧化碳液体灭火器相比，它又有一定的不足，因为它灭火后会留下大量的水，因此不如后者灭火后不污染物质，不留痕迹。

汽车尾气的危害

从世界范围看，汽车尾气已经成为空气污染的另一重大因素。通常在汽车尾气中含有一氧化碳、氧化氮以及对人体产生不良影响的其他固体颗粒。

汽车尾气对人体的危害最大的就属含铅汽油了。因为铅在废气中呈微粒状态，它可以随风扩散。经研究显示，一般在农村的居民，从空气中吸入体内的铅量每天约为1微克，而城市居民所吸入的铅是农村居民的很多倍，尤其是街道两旁的居民。铅在进入人体后，主要分布于肝、肾、脾、胆、脑中，其中以肝、肾中的浓度最高。几周后，铅由以上组织开始向骨骼转移，并以不溶性磷酸铅形式沉积下来，最后人体内将有90%~95%的铅积存于骨骼中，只有少量铅存在于肝、脾等脏器中。

在一般情况下，骨中的铅还算比较稳定，当食物中缺钙或有感染、外伤、饮酒、服用酸碱类药物，这时候酸碱的平衡就会打破，而铅也由骨中转移到血液，铅中毒就是这样引起的。铅中毒的症状表现很广泛，如头晕、头痛、失眠、多梦、记忆力减退、乏力、食欲不振、上腹胀满、嗳气、恶心、腹泻、便秘、贫血、周围神经炎等；如

果再严重一点的话，中毒者的肝脏就会受到严重的损害，会出现黄疸、肝脏肿大、肝功能异常等症状。

为了改善大气质量，我国许多城市都禁止污染企业进市区，并对原有企业进行了技术改造，这对改善城市污染有一定的作用。

生活中常见的由化学引起的环境问题

在现实生活中有哪些是由化学引起的环境问题呢？

（1）重金属污染：重金属污染就是指由重金属造成的环境污染，重金属污染所造成的危害有时很严重，例如，日本发生的著名的水俣病和骨痛病等公害病，分别是由汞和镉的污染所引起的，它们都是重金属，因此都属于重金属污染。

（2）光化学烟雾：光化学烟雾主要来自于机动车、工厂等污染。当它们排入空气中的碳氢化合物（CH）和氮氧化物（NOx）等一次污染物，在阳光的照射下就会发生化学反应，从而产生臭氧（O$_3$）、醛、酮、酸、过氧乙酰硝酸酯（PAN）等二次污染物，光化学污染就是指参与光化学反应过程的一次污染物和二次污染物的混合物所形成的烟雾污染。

（3）酸雨：酸雨是由氮的氧化物和硫的氧化物（SO$_2$、NO$_2$）的大量排放导致的。酸雨对人类的危害很大，它可以腐蚀建筑物、影响作物生长、污染水资源、危害人体健康、造成土地酸化等等。因此，我们要减少环境污染就要减少酸雨，可以通过开发新能源，少用煤做燃料，用煤进行脱硫处理等多种方法。

（4）汽车尾气：汽车尾气对环境的污染来自于它所排放的大

量的 CO、NO、SO$_2$ 等。我们可以通过一定的方法将 CO、NO 转化为无毒的 N$_2$ 和 CO$_2$。减少城市汽车尾气对空气污染的办法包括开发新能源和使用电动车等。

（5）水污染：化学因素还会带来一定的水污染问题，如何避免应该从以下几个方面着手。加强对水质的监测；工业三废要经过处理后才能排放；合理使用农药和化肥；不要使用含磷的洗衣粉；加强水土保护，多多植树造林。另外，还要注意节约用水。

（6）温室效应：温室效应是由煤、石油燃料的大量使用，空气中的二氧化碳含量逐渐增加所造成的。全球气候变暖、土地沙漠化、两极冰川逐渐融化都与温室效应有一定的联系。我们可以通过植树造林、禁止乱砍滥伐、减少使用化石燃料、更多地利用太阳能等清洁能源来减少它的危害。

燃料燃烧对环境的影响

燃料是指人类能够通过它的燃烧获得生产生活所需能量的物质。如今在生活、生产中最频繁最大量使用的燃料是化石燃料，而其他种类的燃料则正处在研究开发或推广阶段。

化石燃料是不可再生资源，也是非常重要的化工原料，包括煤、石油、天然气等，它们都是由碳、氢、氮、硫、氧等元素经过漫长地质年代形成的有机物及无机物组成的混合物。人们就是通过燃烧这些化石燃料来获得所需的物质，如人们通过利用石油中各种物质沸点的不同，加热炼制能够得到石油液化气、汽油、柴油、煤油和润滑油等不同的石油产品。而煤经过隔绝空气加强热能够得到冶金焦碳、煤焦油、煤气的炼焦产品。天然气的主要成分是甲烷，

它是最简单的有机物,也是我国最近两年大力开发的化石燃料。

乙醇,俗称为酒精,既可由高粱、玉米、薯类等的自然发酵得到,也可以通过化学方法合成得到。乙醇是一种无色透明、容易挥发、有特殊气味的可燃性液体,可以与水以任意比互溶,并可以溶解多种有机化合物,属于可再生能源。因为它与汽油混合制成的汽车燃料,污染较少、效率较高,因此现在是我国正在推广使用的燃料。

另外,氢气也是一种燃料,同时它还具有原料丰富、热值高、无污染等优点,被认为是最清洁的能源,但是制取成本高、贮存困难,所以目前未能广泛使用。

虽然燃料的燃烧给人们提供了所需要的能源,对人类生活具有非常重要的意义,但同时它也对环境造成污染,如煤、石油等的燃烧放出的二氧化硫、二氧化氮等会导致酸雨,酸雨的危害很大。另外,车用汽油、柴油等燃料产生的一氧化碳、碳氢化合物、氮氧化物、含铅化合物、烟尘等对城市空气质水量都有很大的危害,损害人体健康。化石燃料的大量使用还会导致空气中的二氧化碳含量增加,从而造成温室效应,引起全球性气候变暖、沙漠化加剧、南北极冰雪融化、病菌大量滋生等一系列后果。

农业发展中的化学污染

农业中的化学污染主要体现在土壤污染、化肥和农药等的不合理施用两个方面。

1.土壤污染

土壤污染是指在土壤中通常会积累有毒、有害物质,从而危害植物的生长，或者有的有毒、有害物质会残留在农作物中进入食物链给人体健康带来一定的危害。

那么土壤污染是怎么出现的呢？人类在从自然界获取资源和能源，在加工、消费的过程中最终以废弃物撒向土壤，或通过大气、水体和生物向土壤中排放和转移。当污染物数量超过土壤的自净能力时，就会出现土壤污染，影响作物生长，甚至转移到农产品中，危害人类的健康。目前土壤污染的情况已经引起了很大的重视，人们也采取了一定的措施来减轻土壤污染，如控制"三废"的排放以及农药的使用；合理施用化肥；对各种工业、生活垃圾进行科学处理等，对减轻土壤污染有一定的作用。

2.化肥和农药等的不合理施用

现代农业离不开化肥、农药，但是如果不合理的施用，就会带来农业污染。因为在化肥中的一些重金属、放射性元素、农药中都含有一定的有机毒物，都会造成严重的后果，包括土壤污染、农产品残毒超标、临近水体富营养化等。因此，使用化肥和农药要根据实际情况合理选择和使用，并且我们还可以通过开发新型化肥、农药促进现代农业的可持续发展。总之，我们要尽量减轻或避免农业中的化学污染，提高环保意识，从现在做起，保护好地球。